Der Steinkohlenbergbau
des Preussischen Staates
in der Umgebung von Saarbrücken.

IV. TEIL.

Die Absatzverhältnisse
der Königlichen Saarbrücker Steinkohlengruben
in den letzten 20 Jahren (1884—1903).

Von

R. Zörner,

Bergrat, bis 15. April 1903 Mitglied der Kgl. Bergwerksdirektion zu Saarbrücken.

Mit 4 lithographischen Tafeln.

Springer-Verlag Berlin Heidelberg GmbH
1904

Additional material to this book can be downloaded from http://extras.springer.com

ISBN 978-3-642-90604-6   ISBN 978-3-642-92462-0 (eBook)
DOI 10.1007/978-3-642-92462-0

Inhalt.

	Seite
I. Allgemeiner Rückblick auf die Absatzverhältnisse	5
II. Förderung	17
III. Absatz	18
1. Absatzrichtungen	18
2. Industriezweige	27
3. Absatzwege	29
a) Eisenbahnabsatz	29
b) Wasserabsatz	32
c) Landabsatz	50
IV. Kohlen- und Kokspreise	53

I. Allgemeiner Rückblick auf die Absatzverhältnisse.

Die Absatzverhältnisse der Königlichen Saarbrücker Steinkohlengruben in den Jahren 1850 bis 1883 sind in eingehender und gründlicher Weise vom verstorbenen Bergrat Jordan in der Zeitschrift für Berg-, Hütten- und Salinenwesen im Band 32, Jahrgang 1884, behandelt.

Hieran anzuschließen und im Rahmen dieser interessanten Darstellung den begonnenen Faden weiter zu spinnen, ist der Zweck der nachstehenden Denkschrift.

Förderung und Absatz der Königlichen Steinkohlengruben im Saarrevier sind seitdem großen Schwankungen unterworfen gewesen.

Nachdem sich seit 1877/78 die Gruben langsam aber stetig entwickelt hatten, trat mit Beginn des Jahres 1884 eine Zeit des Stillstandes ein, und erst im Jahre 1890/91 begann der Absatz wieder sich zu heben. Diese Aufwärtsbewegung erlitt zwar durch die Ausstände von 1889 und 1893 eine erneute Unterbrechung, schritt aber von 1895 bis 1902 energisch vorwärts und brachte die in langer Arbeit sorgsam zur Steigerung vorbereiteten und inzwischen hoch entwickelten Gruben, namentlich im Fischbachtale, auf eine ihrem Umfange entsprechende Förderziffer.

Licht und Schatten wechselten in den verschiedenen Entwickelungsabschnitten ab, in welcher Weise aber die Absatzverhältnisse der staatlichen Steinkohlengruben an der Saar im einzelnen beeinflußt wurden, soll, nach den Jahren getrennt, im folgenden kurz ausgeführt werden.

Die Lage der gesamten Industrie, besonders der Eisenindustrie, war 1884 im allgemeinen ungünstig, weil sich ganz wie in 1901/02 gleichzeitig mit einer Übererzeugung eine Zurückhaltung der Verbraucher einstellte, welche ein starkes Sinken der Preise für Kessel- und Walzwerkskohlen zur Folge hatte. Die letzteren waren damals weit mehr als heute von dem Gang der Eisenindustrie abhängig, weil der Kohlenverbrauch für eine Tonne Fertigfabrikat an Flammkohlen wesentlich höher war, als er heute ist. Denn infolge der besseren Ausnutzung der Hochofengase im Kessel- und namentlich im Motorbetriebe, infolge des Ersatzes der Puddelöfen durch leistungsfähige Birnen und bei der durch Betriebsverbesserungen geschaffenen Möglichkeit, z. B. den Träger in einer Hitze auszuwalzen, ist der derzeitige Kohlenverbrauch für 1 t Fertigerzeugnis gewaltig herabgedrückt worden, sodaß trotz der bedeutenden Produktionssteigerung der Bedarf an Walzwerkskohlen. insbesondere Flammkohlen, nur wenig gewachsen ist.

Fettkohlen waren damals, wie auch noch heute, so stark begehrt, daß die Gruben der Nachfrage nicht gerecht werden konnten. Der seit 1895 bei dem letzten Aufschwung wieder in die Erscheinung tretende Fettkohlenmangel war also schon zu jener Zeit vorhanden. Im Übrigen wurde die allgemeine Lage der Saargruben durch die Frachtermäßigungen für fremde Herkünfte seitens Italiens, Frankreichs und Oesterreichs weiter ungünstig beeinflußt.

1885 hielt der Stillstand auf dem Saarkohlenmarkte an und nur allmählich stellte sich das Gleichgewicht zwischen Angebot und Nachfrage wieder ein. Die Fertigstellung des Gotthardtunnels ließ die Saarkohlen nach Italien eindringen, eine Tatsache, die damals mit großer Befriedigung begrüßt wurde, sich aber im Laufe der Zeit infolge der Tarifpolitik Italiens und wegen der billigeren Seefrachten von Newcastle und Cardiff nach Genua als wenig andauernd erwiesen hat. Die geringe Besserung, die auf dem deutschen Kohlenmarkte in einer für die Saarkohle günstigen Weise sich bemerkbar machte, ist u. a. auf eine Verkaufs-Konvention der westfälischen Zechen zurückzuführen. Erst diese gestattete wieder den Vertrieb zu Preisen, welche einigermaßen im Einklang mit den Selbstkosten standen. Auch der Koksmarkt erhielt durch die Vereinigung der westfälischen Kokswerke seine Festigung.

Im Jahre 1886 breitete sich eine neue Flaue und zwar über ganz Europa aus. Sie drückte sich in der eigentümlichen Tatsache aus, daß trotz des wachsenden Bedarfes die Kohlenpreise fielen. Auch in diesem sehr ungünstigen Jahre waren die Fettkohlengruben gut beschäftigt, während die Flammkohlengruben eine rückgängige Förderung bei beispiellos gedrückten Preisen zeigten. Diese Tatsache ist darauf zurückzuführen, daß die Fischbachgruben, welche die tiefe Lösung der Fettkohlenflöze bewerkstelligen sollten, noch nicht voll entwickelt waren, und daß die nordfranzösischen Gruben mit ihren guten und reinen Kohlen und mit Hilfe der günstigen Tarife der französischen Nordbahn immer mehr in unser Absatzgebiet eindrangen und dort den ungewaschenen Saarflammkohlen gegenüber als mächtige Gegner auftreten konnten. Dazu kam noch, daß der französische Chauvinismus auf den Verbrauch von heimischer Kohle in Frankreich drängte und der an der französischen Ostgrenze entlang gebaute Kanal für 300 t Schiffe nach Fertigstellung der einzelnen Teilstrecken eine sich stets erhöhende Einfuhr vom Nord und Pas de Calais sowie von Belgien im Gefolge hatte. Wie sehr der Saarkohlenabsatz in den Jahren 1884—1896 dadurch beeinflußt wurde, zeigt am deutlichsten **die graphische Darstellung, Tafel 1, Fig. 1.**

Um nur ein Beispiel herauszugreifen, sei erwähnt, daß die französische Ostbahn, welche auf Grund des Vertrages vom 1. März 1886 bis 1888 noch 150 000 t bezog, seitdem höchstens $^1/_3$ jener Menge bestellt. Gegen Ende 1886 begann endlich erfreulicherweise ein Aufschwung auf dem ganzen Weltmarkte sich vorzubereiten.

1887 trat durch dessen Fortdauer im allgemeinen eine fühlbare Besserung der Absatzverhältnisse bei allerdings zurückhaltenden Preisen ein.

Dieselbe Erscheinung, die auch im Jahre 1895/96 bezüglich des geringen und allmählichen Anziehens der Preise bei steigendem Absatze gemacht ist, zeigte sich auch damals. Die Lage der Eisenindustrie hatte sich gebessert und den Gruben eine regelmäßige Beschäftigung gesichert, sodaß in Fettkohlen sogar zeitweise ein recht fühlbarer Mangel zutage trat. Während im allgemeinen im Absatzgebiete der Saarkohle eine Besserung der Verhältnisse unverkennbar war, dauerten die ungünstigen Absatzverhältnisse in Frankreich und den anstoßenden deutschen Gebieten, ja selbst in Deutschland fort, da der oben erwähnte Wettbewerb von französischen und namentlich belgischen Kohlen durch den Ostkanal immer bedrohlicher wurde.

Während 1886 für die Fabriken an der Grenze nur 2036 t belgische Kohlen eingeführt wurden, steigerte sich diese Einfuhr in das frühere Saarkohlenabsatzgebiet im Jahre 1887 schon auf 37 708 t. Besonders fühlbar war der Wettbewerb in Feinkohlen, die ihrer Reinheit wegen den damals noch ungewaschenen Saarkohlen allgemein vorgezogen wurden.

Um diesem Wettbewerb zu begegnen, kam 1888 die erste Flammkohlenwäsche*) auf Grube Von der Heydt in Betrieb. Sie war auch dazu bestimmt, dem andauernden Absatzmangel in Rohgrieskohlen (3. Sorte) abzuhelfen. Trotzdem drangen die französischen und belgischen Kohlen in unserem Absatzgebiete immer weiter vor, ja Belgien begann sogar in Süd-Baden im Wiesental, einer der ältesten Saarkohlenabsatzstellen, seine Produkte erfolgreich einzuführen.

Die untenstehende Tabelle**), welche die Erzeugungsziffer der Kohlengruben im Nord und Pas de Calais und ihre Produktionssteigerung angibt,

---

*) Die erste Fettkohlenwäsche für die Kokskohlenverarbeitung wurde 1859 in Heinitz errichtet.

**) Förderung der französischen Steinkohlengruben:

	Nord	Pas de Calais
1879	3 274 000	4 176 000
1883	3 789 000	6 156 000
1884	3 402 000	6 036 000
1885	3 582 000	6 131 358
1886	3 910 000	6 463 000
1887	4 198 000	7 120 000
1888	4 416 000	7 887 000

zeigt ohne weiteres, daß unsere französischen Wettbewerber in den bisher fremden Gebieten Absatz suchen und daß Belgien — mehr und mehr aus dem Norden von Frankreich verdrängt — anderweitig Platz für seine Produkte ausfindig machen mußte.

Gemildert wurde diese wenig erfreuliche Erscheinung durch die Fortdauer der seit Herbst 1887 günstigen Entwickelung der Eisenindustrie, deren Preise für Fertigerzeugnisse immer mehr anzogen, und somit eine mäßige Steigerung des Kokskohlenpreises im 2. Halbjahr 1888 rechtfertigten. In England und Amerika zeigte sich eine sehr starke Nachfrage nach Roheisen, und es ist interessant zu beobachten, wie damals die Vereinigten Staaten von Nordamerika mit ihrer noch unbedeutenden, in der Entwickelung begriffenen Eisenindustrie in Europa als Käufer auftreten und auf unseren Markt belebend einwirken, im Gegensatz zum Jahre 1900, wo sie nach erfolgter Erstarkung und Einführung ihrer Hochschutzzölle ihr Übergewicht zu betätigen anfangen und das Mutterland Europa in eine langwierige Krisis hineindrängen. An dieser Tatsache ändern selbst die vom deutschen Markte in den Jahren 1901/02 mit Freuden begrüßten Verlegenheitskäufe der Amerikaner wenig, wenn sie auch den festländischen Werken über die allgemeine Absatzstockung wesentlich hinweg geholfen haben.

Infolge jener, oben geschilderten, damals sehr günstigen Verhältnisse stieg auch der Absatz und die Förderung der königlichen Saargruben so, daß seitens der Verwaltung Maßnahmen getroffen werden mußten, die Förderung durch Aufschließung neuer Gruben (Göttelborn) zu vermehren.

Die Besserung war so durchgreifend, daß es den Saargruben möglich war, den damaligen Preisbildnern auf dem Kohlenmarkte, den belgischen Gruben, zu folgen und die Preise etwas zu erhöhen. Leider wurden die Förderziffern von 1884/85 im Absatz noch nicht wieder erreicht.

Im Jahre 1889 zeigte sich schon, daß die Besserung tatsächlich durchgreifend war. Die Industrie begann mit voller Kraft zu arbeiten, und der

	Nord	Pas de Calais
1889	4 719 423	8 735 427
1890	5 104 772	9 076 021
1891	4 973 569	8 619 755
1892	4 663 122	9 835 645
1893	4 742 702	8 975 619
1894	5 006 253	10 626 412
1895	5 059 871	11 097 288
1896	5 229 340	11 870 882
1897	5 881 581	13 060 615
1898	6 073 630	13 881 635
1899	6 032 160	14 508 712
1900	5 995 220	14 888 955
1901	5 692 388	14 661 119
1902	5 430 398	13 556 533
1903	6 323 820	16 614 280

besseren Nachfrage folgten allmählich auch die Preise. Diese an sich recht gesunde und günstige Entwickelung wurde durch den großen westfälischen Arbeiterausstand, der sich späterhin auf Aachen, Niederschlesien, Böhmen und Belgien übertrug, jäh unterbrochen. Die Arbeiterleistung ging, wie immer in solchen Zeiten, sofort erheblich zurück, die Förderung wurde durch Verkürzung der Schichten erheblich vermindert, es entstand nach langer Zeit eine neue Kohlenkrisis.

Die Preise stiegen in Westfalen um 2 M., an der Saar um 90 Pf. für 1 t, die Spekulation bemächtigte sich sofort auf alle mögliche Weise großer Mengen, und es traten im Kohlengeschäft dieselben Erscheinungen ein, welche, wenn auch aus anderen Ursachen, 10 Jahre später, in den Jahren 1899/1900 zu beobachten waren.

Während früher 1 bis 2 M. Provision für 10 t genommen wurden, wurden jetzt bei festen Abschlüssen rund 5 M., bei Sonderzuteilungen 10 und 20 M. für 10 t verlangt. Ganz wie 1899/1900 begannen die Verbraucher sich zu gemeinschaftlichem Bezuge in Kohlenvereine, Genossenschaften u. dergl. zusammenzuschließen, heftige Preßfehden zu eröffnen und sich in Saarkohlen, die in ihrer Preisstellung verhältnismäßig günstig waren — leider zu spät — zu decken. Infolge dieser sich plötzlich und ungesund entwickelnden Steigerung der Nachfrage stiegen natürlich auch hier die Preise. Für Heinitz-Dechen-Stückkohlen erhöhten sie sich z. B. von 14 M. auf 16 M., bei 14 M. für 1 t Hibernia-Gaskohle. Der Koks kostete 21 M. an der Saar, 23 M. in Westfalen.

Im Jahre 1890 dauerte dieser Zustand der Kohlenknappheit noch fort, die Bergwerksdirektion bevorzugte als staatliche Verwaltung besonders den deutschen Markt und deckte zunächst den Bedarf ihrer alten Kunden, so daß sich diese, genau wie 1899/1900, gegenüber den Verbrauchern anderer Herkünfte sehr im Vorteil befanden.

Die großen Anforderungen der Eisenbahnverwaltung, welche infolge des westfälischen Kohlenarbeiterausstandes ihren Lokomotivkohlenbedarf nicht mehr decken konnte, im Verein mit denen der engeren Saarindustrie die wie immer in Zeiten geschäftlicher Hochflut vorzugsweise Deckung ihres Bedarfes verlangte, riefen bald eine ziemliche Unruhe auf dem Saarkohlenmarkte hervor, und es schien sich sogar mangels jeglicher Vorräte eine Kohlennot zu entwickeln.

Man begann deshalb die Ausfuhr nach Frankreich einzuschränken, eine Maßnahme, die sich bezüglich ihres Zweckes als ziemlich wirkungslos, bezüglich ihrer Folgen aber als sehr verderblich erwiesen hat. Tatsächlich wurde die Bergwerksdirektion durch die übertriebenen Ansprüche welche an sie als staatliche Verwaltung herantraten, zu Entscheidungen zugunsten einzelner großer Interessengruppen gedrängt, die dem Saarkohlhandel in den nächsten Jahren schwere Wunden geschlagen haben. Sehr bald war nämlich die Einschränkung des Absatzes nach der Schweiz und Frankreich und die Berechnung der Tagespreise für diese Sendungen nicht mehr nötig. Die Begünstigung des nicht mehr aufnahmefähigen Inlandes hatte inzwischen aber überall eine solche Übererzeugung geschaffen, daß eine Stockung im Kohlenbezug eintrat und die Bergwerksdirektion zwang, die Ausfuhr nach dem Auslande mit aller Macht wieder aufzunehmen. Auch damals zeigte sich schon, daß die Abnehmer, die am schärfsten und rücksichtslosesten sich den Saarkohlenbezug für ihre Zwecke dienstbar zu machen verstanden hatten, am ehesten sich anderen Bezugsquellen zuwandten und es der Bergwerksdirektion überließen, sich mit den Mengen abzufinden, die durch Einschränkung des Absatzes nach dem Auslande und durch Vernachlässigung der dortigen langjährigen Kunden frei geworden waren.

Es mußten deshalb unter schweren Opfern für die Verwaltung und die Belegschaft neue Abnehmer aufgesucht werden. Selbstverständlich hörten alle bei dem Abschluß der Verträge getroffenen Verbote, z. B. die Kohlen nur im Inlande verkaufen zu dürfen, sehr bald auf.

Nachdem durch den Ausstand die Kohlen- und Kokspreise auf eine beispiellose Höhe getrieben worden waren, zeigte sich allmählich ein Rückgang im Geschäftsleben, dem bald ein Arbeitsmangel und daher ein Überfluß an Arbeitskräften, namentlich in der Eisenindustrie folgte. Hand in Hand damit wuchsen deren Vorräte an, und genau wie es 1901 der Fall war, zeigten die Käufer selbst bei niedrigen Preisen — 50 frcs. für 1 t Roheisen gegen 87 frcs. kurze Zeit vorher — keine Lust mehr zu kaufen. Auch 1890 waren es die bedeutenden Betriebsvergrößerungen der Eisenwerke an der Westgrenze des Staates sowie der Industriewerke im weiteren Absatzgebiete der Saarkohlen, welche dem Inlandsbedarf nicht entsprachen und deshalb zum empfindlichen Rückschlage bei rückgängiger Wirtschaftslage Anlaß gaben. Insbesondere führte in der Eisenindustrie die entschieden zu verurteilende Vernachlässigung der natürlichen Ausfuhr zugunsten des Inlandes infolge der besseren, leider nur zu maßlos gesteigerten Inlandspreise zu ernsten Unannehmlichkeiten.

Im Jahre 1891 verschärfte sich der Rückschlag in der Eisenindustrie immer mehr und wuchs förmlich zu einer Panik heran. Die Syndikate für Formeisen, Bleche, Schienen und Röhren lösten sich auf und auch andere Verbände, z. B. die Zementvereinigung wurden gesprengt. Dank der einheitlichen zielbewußten Leitung der Saargruben und der Kohlenverkaufsvereine an der Ruhr wurden heftige Preisstürze durch rechtzeitig veranlaßte angemessene Preisermäßigungen vermieden. Der Saarkohlenmarkt, welcher dem allgemeinen Aufschnellen nur sehr allmählich gefolgt war, folgte im Gegensatz zu Westfalen und Frankreich auch nur langsam **dem Niedergang.**

Er verlor seine Haltung erst 1892, als der milde Winter die Lage verschärfte und die Verhältnisse der Glas-, Textil- und Eisenindustrie sich noch weiter verschlechterten. Die 1891 angebrochene Krisis in der Eisenindustrie wurde, besonders im Saarrevier, durch den Kampf der neu auf den Markt tretenden Völklingerhütte gegen den Verband der süddeutschen Gruppe weiter verschärft. Infolgedessen wirkte der starke Rückschlag, der von Westfalen, Belgien, England ausging, für die Saarwerke besonders verderblich und zog auch die Königlichen Gruben an der Saar recht empfindlich in Mitleidenschaft. Es traten mit der Zeit nicht nur schärfere Preisrückgänge, sondern auch größere Absatzstockungen auf, die den Ertrag der Gruben sehr ungünstig beeinflußten.

Allgemeine wirtschaftliche Verhältnisse des Weltmarktes, z. B. die finanzielle Mißwirtschaft der südamerikanischen Staaten, die Geldkrisis in Portugal, Spanien und Rußland äußerten gleichzeitig ihre Wirkung auch in unserem Absatzgebiete und die schlechte Ernte schwächte die Kaufkraft. Forderungen der Arbeiter schreckten die Unternehmungslust ganz empfindlich, Kriegsbefürchtungen und die unsichere Gestaltung der Handelsverträge bewirkten außerdem allseitige Zurückhaltung bei großer Geldflüssigkeit (Diskont 3,2 und 3 v. H.) und erschütterten vollends das Vertrauen.

Der milde Winter von 1893 verschärfte wiederum die Lage, die Arbeiterausstände an der Saar (Januar) und in Durham (Juni) wirkten weiterhin erschwerend auf die allgemeine Geschäftslage ein, sodaß das Jahr 1893 wohl als das unerfreulichste seit langer Zeit bezeichnet werden kann. Es bedurfte gewaltiger Anstrengung, um der Stille auf dem Kohlenmarkt in erfolgreicher Weise entgegenzuarbeiten.

Mit dem Jahre 1894 schien die Krisis überwunden zu sein, und die Morgenröte einer besseren Zeit schien anzubrechen.

Dennoch blieb der Absatz hinter der Leistungsfähigkeit der inzwischen stark entwickelten Gruben weit zurück, und bei steigender Förderung trat sogar zeitweise noch ein weiteres Sinken der bisher schon unlohnenden Vertragspreise ein. Wie ungünstig die Lage des Kohlenmarktes war, geht daraus hervor, daß selbst im Oktober, November und Dezember 1894 Feierschichten eingelegt werden mußten. Erst das Ende des großen englischen Ausstandes (Durham), der vom 28. Juli bis 17. November dauerte, machte dem trägen Verkehr auf dem Kohlenmarkte ein Ende. Das Aufhören des russisch-deutschen Zollkrieges und die im Frühjahr erfolgten Abschlüsse der anfangs viel geschmähten Handelsverträge besserten allmählich die Verhältnisse. Die Lage der Eisenindustrie blieb zwar noch eine Zeit lang ungünstig, da das Mißverhältnis der Preise von Roheisen, Halbzeug und Fertigerzeugnissen, über welche auch am Ende 1900/1901 sehr geklagt wurde, andauerte und das Scheitern des Walzwerksverbandes die Absatzverhältnisse erschwerte.

Auf den Absatz der Saargruben wirkte auch das schon früher begonnene, seit 1891 kräftiger betriebene Bestreben um Aufbesserung der Kohlen durch bessere Sortierung und Waschen (s. u. Abschnitt Förderung) belebend ein, sodaß die Feierschichten von Herbst 1895 ab allmählich aufhörten, wenn auch die großen Feinkohlenansammlungen immer noch eine ungünstige Belastung des Marktes bildeten, da die Hütten, welche lange über Mangel an Fettgries geklagt hatten, jetzt diesen abzunehmen nicht in der Lage waren.

Durch Sonderverträge wurde Ende 1895 die Eisenindustrie zur Einlösung ihres Versprechens, den Bau neuer Koksofenbatterien vorzunehmen, bewogen. Es war dies umso eher möglich, als auch die bisher noch darniederliegende Eisenindustrie von Amerika neue Anregung bekam und hierdurch bei der Eisen- und Glas-Industrie Preissteigerungen stellenweise bis zu 25 v. H. ermöglicht wurden.

Die anfangs störende Venezuela-Streitfrage und das Aufhören des für Deutschland günstigen schweizerisch-französischen Zollkrieges vermochte die günstiger werdende Entwickelung des Weltmarktes nicht aufzuhalten.

Trotz des milden Winters setzte das Jahr 1896 verhältnismäßig gut ein, aber die Einführung der Wascherzeugnisse gestaltete sich anfangs recht schwierig, da die zunächst wenig guten Waschprodukte auf Kreuzgräben der Einführung selbst der vorzüglichen Erzeugnisse von Reden-Itzenplitz in Süddeutschland Abbruch taten. Erst mit Einführung der Normalkörnungen $^2/_{15}$, $^{15}/_{30}$, $^{30}/_{50}$, $^{50}/_{80}$ mm für sämtliche Wäschen des Saargebietes und eines durchgreifenderen Waschverfahrens auf einzelnen Gruben wurden die Saarwascherzeugnisse in jenem Gebiete immer mehr bekannt und begehrt.

Die Erzeugnisse von Von der Heydt und Louisenthal waren nämlich nur vereinzelt nach Süddeutschland vorgedrungen, weil ihr Absatz sich in Elsaß-Lothringen und der unmittelbaren Umgebung der Gruben zur Genüge vollzog.

Allerdings erfolgte die Einführung der Waschprodukte oft nur auf Kosten des Stückkohlen-Absatzes, zumal das Preisverhältnis der einzelnen Sorten zu einander noch nicht das richtige war. Dieser Einfluß auf den Stückkohlenabsatz wurde um so fühlbarer, als durch die starken Anforderungen von Fettgries für die Koksdarstellung viel Fettstückkohlen frei wurden, deren Unterbringung dann eine Zeit lang sehr mühsam war. Durch Aufsuchen der früher unterbrochenen Beziehungen und durch die Anknüpfung neuer Verbindungen wurde es allmählich möglich, die Fettgriesanforderungen mit dem Stückkohlenabsatz in Einklang zu bringen und dem Saarkohlenabsatze eine der schnell steigenden Erzeugung entsprechende breitere Entwickelung zu geben. Die zu dem verlustbringenden Brechen der Stückkohlen geschaffenen Einrichtungen sind dann auch erfreulicherweise nicht zur Anwendung gekommen, da es gelang, das Jahre hindurch darniederliegende Geschäft in Bayern, Frankreich und Italien neu zu heben.

Im Winter 1896 waren die Absatz-Schwierigkeiten allmählich gehoben, und der Bedarf an Saarkohlen erhöhte sich, dank der günstigen Lage der Industrie und der Verbesserung der Beschaffenheit, mehr und mehr. Namentlich aber schaffte ein sich langsam aber stetig vollziehender Aufschwung im Inlande einen steigenden Absatz, während im Gegensatz hierzu in Frankreich, Italien und Schweiz eine Besserung der wirtschaftlichen Lage sich immer noch nicht beobachten ließ.

Der griechisch-türkische Krieg, die Hungersnot und Pest in Indien und die Beunruhigungen vor der Präsidentenwahl in Amerika wirkten noch eine Zeit lang ungünstig auf die Textilindustrie, die Filz- und Farbfabriken ein, wogegen die Eisenindustrie sich in einer ungeahnten Weise entwickelte. Es darf aber nicht verkannt werden, daß die Verhältnisse damals durchaus nicht klar lagen und es in der Zeit von 1896—1900 nur zu häufig Zeiten des Stillstandes, der Unsicherheit und Verzagtheit gab, welche die Fortdauer der günstigen Geschäftslage sehr in Zweifel stellten und die Entschließungen der Werke, u. a. auch der Bergwerksdirektion, sehr erschwerten.

Jedenfalls hatte die stetig steigende Entwickelung des Netzes der Klein- und Nebenbahnen, des Schiffbaues, der jetzt so sehr darniederliegenden Elektrotechnik so außerordentlich hohe Anforderungen an die Eisenindustrie der Saar gestellt, daß es dieser oft schwer war, ihnen gerecht zu werden. Deshalb wurde es in dieser Zeit des Aufschwunges garnicht unangenehm empfunden, daß Nordamerika, welches sich in einem beispiellosen Niedergang seiner Eisenindustrie befand, den belgischen und englischen Absatz in dem Ausfuhrgebiete von Südamerika und Ostasien unmittelbar, den Saareisenabsatz mittelbar hart bedrängte und selbst Halbzeug nach Europa absetzte.

Die gekräftigten Verbände sorgten auch dafür, daß die bei früheren wirtschaftlichen Hochfluten vermißte Stetigkeit der Preise eintrat, und daß trotz des amerikanischen Einflusses die Lage der Hochofen- und Stahlwerke an der Saar glänzend blieb und die des Kohlenmarktes sich recht günstig gestaltete.

1897 dauerten diese günstigen Verhältnisse an, und die hohen Einnahmen der Eisenbahnen deuteten, wie ein Barometer die weitere Entwickelung der glänzenden Wirtschaftslage an, die nur vorübergehend einige kleine Rückschläge erhielt. Erfreulicherweise täuschte man sich über deren Bedeutung. Die Einfuhr von Roheisen stieg zwar, veranlaßte aber andererseits auch eine vermehrte Ausfuhr der Fertigerzeugnisse.

Auch die in jener Zeit gegen die Saarkohlen betriebene Agitation zugunsten der rauchlos verbrennenden Kohlen wurde durch Tat und Schrift erfolgreich bekämpft und namentlich durch den Hinweis entkräftet, daß der aus Saarkohlen entwickelte Rauch nicht schlimmer ist, als derjenige, den die mit Ruhrkohlen geheizten Rheindampfer und die mit belgischen Kohlen geheizten Lokomotiven der belgischen Staatsbahnen entwickeln.

Während dieser infolge der steigenden Erzeugung sich immer günstiger gestaltenden Verhältnisse erhöhte die andauernde Trockenheit in Westdeutschland die Nachfrage nach Stückkohlen seitens der auf Wasserkraft angewiesenen Fabriken. Auch erwies sich die Befürchtung, daß mit Fertigstellung der großen elektrischen Kraftanlagen in der Schweiz der dortige Kohlenmarkt ungünstig beeinflußt werde, als unbegründet. Neu angelegte Fabriken und der steigende Verbrauch auf vorhandenen Anlagen, sowie der stark zunehmende Eisenbahnverkehr bewirkten trotz des milden Winters eine derartige Besserung der Absatzverhältnisse, daß sogar Überschichten zur Bewältigung der Nachfrage eingelegt werden mußten.

So wurden die durch den Rohstofftarif geschaffenen Veränderungen nicht so tief empfunden, wenn auch die seitens der Generaldirektion der badischen Staatsbahnen nachträglich eingeführten, für uns sehr empfindlichen Tarifverschiebungen ab Lauterburg—Straßburg heute noch in ihren Wirkungen gespürt werden.

Eine Zeit lang erschütterten die mächtigen Einflüsse der sogen. „Mac Kinley Bill" das allgemeine Vertrauen und brachten insbesondere vor der Zollerhöhung eine ungeheure Anspannung und nach derselben einen, wenn auch — wie sich nachträglich herausstellte — kleinen Rückschlag in die ganze aufsteigende wirtschaftliche Bewegung.

Es wurde die Weiß- und Stanzblech-Industrie durch die neuen amerikanischen Werke schwer geschädigt, die Hohlglasfabriken und verschiedene Zweige des Textilgewerbes verloren ihren Absatz dorthin, sodaß verschiedene Industrielle sich gezwungen sahen, zur Aufrechterhaltung ihrer amerikanischen Kundschaft in Amerika selbst eigene Werke anzulegen.

Die durch diese Verhältnisse bedingte Stockung am Ende 1897 machte 1898 einem erneuten Aufschwung Platz. Es wurde nunmehr den Gruben wirklich schwer, den steigenden Bedarf in einzelnen Sorten, z. B. in Fettgrieskohlen, zu befriedigen, obgleich andererseits für weniger begehrte Sorten neue Absatzwege gesucht wurden. Allmählich stellte sich daher ein Mangel an geschulten Arbeitern ein, sodaß es kaum möglich war, die schon lange Zeit geplanten Neu- und Ersatz-Anlagen bei den einzelnen Gruben in Angriff zu nehmen.

Als dann der spanisch-amerikanische Krieg einen Nachteil für den deutschen Markt nicht brachte, im Gegenteil den amerikanischen Wettbewerb von unseren überseeischen Absatzgebieten ausschloß, entstand nach

Allgemeiner Rückblick auf die Absatzverhältnisse.

kurzem Rückschlage im Frühjahr der neue bis 1900 anhaltende Aufschwung, welcher durch die günstigen Kreditverhältnisse u. a. den Übergang vom Werkstätten- zum Fabrik-Betriebe außerordentlich förderte und dadurch eine neue Kohlenabsatzquelle auch für die Saargruben schuf.

Als am Ende des Jahres durch einen Betriebsunfall der Grube Maybach ein mehrmonatlicher erheblicher Förderausfall dieser in steigender Entwickelung begriffenen Grube stattfand, zeigte sich deutlich, daß nunmehr zum erstenmal der bisher immer herrschend gewesenen Übererzeugung nach kurzem Gleichgewichtszustand eine Unterproduktion gefolgt war, die durch die gewaltige Betriebssteigerung der Eisenindustrie, welche zeitweise Lieferfristen von 6 bis 8 Monaten in Anspruch nehmen mußte, noch gefördert wurde.

Im Jahre 1899 konnte infolgedessen der früher mit schweren Opfern erworbene und sorgsam gepflegte Absatz nach dem Auslande nur in bescheidenem Rahmen aufrecht erhalten werden, da der Inlandsverbrauch infolge der Handelsverträge, deren Wert man immer mehr schätzen gelernt hatte, eine außerordentliche Steigerung erfuhr. Diese Entwickelung hielt an und dauerte während des ganzen Jahres.

Das Jahr 1900 ist ein für die allgemeinen Wirtschaftsverhältnisse hochwichtiges Jahr, bedeutet aber zugleich auch das Ende der seit 1895 anhaltenden Hochflut.

Die wirtschaftlichen Ergebnisse der Bergwerksdirektion waren trotz der hohen Preise in diesem Jahr noch nicht die günstigsten, da infolge der oft langjährigen Verträge Vorteile der Geschäftslage erst $1/2$ bis 1 Jahr später ausgenutzt werden können. Als im Jahre 1900 der böhmische Streik dem Verkehr große Kohlenmengen entzog, entstand auch im Saarkohlenabsatze eine, verhältnismäßig unbedeutende, Kohlenknappheit, die durch die Preßangriffe und die nicht ganz zutreffenden Darstellungen und Auffassungen verschiedenster Organe schließlich dazu führte, daß der einzelne Verbraucher in der Angst, später keine Kohlen zu bekommen, sich große Kohlenvorräte zu verschaffen suchte, und zwar weit mehr, als er in Wirklichkeit verbrauchen konnte. Dadurch wurde geradezu künstlich eine Notlage geschaffen und groß gezogen, die große Klagen und die verderblichsten Nachwirkungen für die Verbraucher und die Kohlenproduzenten im Gefolge hatte. Der Kohlenknappheit, die sich allmählich über einen großen Teil Europas ausgebreitet hatte und durch den amerikanischen Kohlenstreik den ganzen Weltmarkt zu ergreifen drohte, trat die Bergwerksdirektion durch Verringerung des ausländischen Absatzes und durch das kräftige Bestreben entgegen, die Abnehmer durch Wort und Schrift zu beruhigen, die Spekulation zu unterbinden und die Kohlen in die alten Verbrauchskanäle zu leiten. Schon im Herbst 1900 kehrte ein normaler

Zustand zurück. Die vielfach öffentlichen Angstrufe der Verbraucher hatten die Lage lediglich erschwert, sodaß bei den Abschlüssen der neuen Verträge für das Jahr 1901 sowohl im hiesigen, wie auch im Absatzgebiete des Kohlensyndikats vielfach übergroße Bestände bei den Verbrauchern vorhanden waren, die zuerst aufgearbeitet werden mußten, ehe man neue Mengen bestellen konnte.

Hierdurch waren die Saargruben gezwungen, dem gegen ihren Willen vorübergehend vernachlässigten Ausland wieder erhöhte Mengen zuzuführen, zumal die Lage der Saar-Eisenindustrie immer schlechter, ihre Bestellungen in der Summe immer knapper geworden waren. Der teure Geldstand, die China-Wirren und der Transvaal-Krieg, die Verzögerung der Handelsverträge, die unsichere wirtschaftliche Lage übten auch auf die anderen Industriezweige einen ungünstigen Einfluß aus, der bis gegen Ende des Jahres 1901 anhielt.

Im Jahre 1901 schwand zunächst durch unvermutete Bankzusammenbrüche und deren Begleiterscheinungen das Vertrauen fast völlig, begann aber dann wieder zurückzukehren, und durch die Erleichterung des jahrelang sehr gespannten Geldstandes und das Zurückgehen des Bankdiskonts belebte sich die geschäftliche Tätigkeit wieder in erfreulicher Weise, auch in der Eisen- und Textilindustrie begann eine wesentliche Besserung sich zu zeigen.

Der Saarkohlenmarkt blieb von den Erschütterungen, die die übrigen deutschen Kohlenreviere heimgesucht haben, verschont, da die Bergwerksdirektion den veränderten Verhältnissen sowohl inbezug auf die Förderung als auf die Preisstellung rechtzeitig Rechnung getragen hatte.

1902. Ein außerordentlich milder Winter und die anhaltende Notlage der meisten Industrien, die überall zu den niedrigsten Preisen ihre Rohstoffe einzukaufen bemüht waren, ließen einen Aufschwung auf dem Kohlenmarkte vorerst noch nicht zu. Erst gegen Ende des Jahres brachten starker Frost und die Unterbrechung der Rheinschiffahrt wieder mehr Nachfrage, zunächst in dem Hausbrand-Kohlengeschäfte. Die Lager konnten zum größten Teil geräumt werden, und es mußten sogar Nebenschichten eingelegt werden, um dem wachsenden Mehrbedarf der Industrie genügen zu können.

Die Ende 1902 einsetzende Belebung der gesamten deutschen Industrie hat im Laufe des Jahres 1903 weitere Fortschritte gemacht, und wenn auch die Wirkung des letzten Rückschlages noch nicht allseitig überwunden ist, so begann man doch bereits mit neuen Hoffnungen in die Zukunft zu blicken. Der wirtschaftliche Tiefstand konnte gegen Ende des Jahres als beendigt angesehen werden, insbesondere als das Rheinisch-Westfälische Kohlensyndikat auf einer breiteren Grundlage als bisher erneuert wurde.

II. Förderung.

Unter den geschilderten Verhältnissen nahm die Förderung der Gruben einen erfreulichen, nur durch geringe Stillstände unterbrochenen Aufschwung.

Die Höhe der Förderung seit dem Jahre 1850, also seit Fertigstellung des ersten Bahnanschlusses ist aus der Tabelle 1 ersichtlich.

Förderung der staatlichen Saarkohlengruben.

Tabelle 1.

Jahr	Förderung t	Jahr	Förderung t	Von der Förderung kamen aus			
				Flammkohlengruben t	v. H.	Fettkohlengruben t	v. H.
1850	593 856	1878	4 361 267				
1851	679 268	1879	4 474 960				
1852	722 861	1880	5 211 389				
1853	938 202	1881	5 119 468				
1854	1 171 359	1882	5 480 181				
1855	1 484 183	1883	5 892 821				
1856	1 521 121						
1857	1 729 423	1884	6 087 126	3 016 483	49,6	3 070 643	50,4
1858	1 850 598	1885	6 049 030	3 080 404	50,9	2 968 626	49,1
1859	1 674 411	1886	5 822 009	2 893 644	49,7	2 928 365	50,3
1860	1 955 961	1887	5 973 068	2 978 363	49,9	2 994 705	50,1
1861	2 090 724	1888	6 238 190	3 151 196	50,5	3 086 994	49,5
1862	2 086 718	1889	6 083 513	3 122 597	51,3	2 960 916	48,7
1863	2 197 119	1890	6 212 540	3 192 354	51,4	3 020 186	48,6
1864	2 597 514	1891	6 389 960	3 230 733	50,6	3 159 227	49,4
1865	2 872 999	1892	6 258 890	3 157 116	50,4	3 101 774	49,6
1866	3 004 690	1893	5 883 177	2 859 039	48,6	3 024 138	51,4
1867	3 171 125	1894	6 591 862	3 038 958	46,1	3 552 904	53,9
1868	3 273 293	1895	6 886 098	3 235 195	47	3 650 903	53
1869	3 444 894	1896	7 705 671	3 626 184	47,1	4 079 487	52,9
1870	2 734 019	1897	8 258 404	3 863 418	46,8	4 394 986	53,2
1871	3 203 969	1898	8 768 582	4 090 631	46,7	4 677 951	53,3
1872	4 137 800	1899	9 025 072	4 246 967	47,1	4 778 105	52,9
1873	4 268 619	1900	9 397 253	4 450 619	47,4	4 946 634	52,6
1874	4 229 786	1901	9 376 022	4 514 654	48,2	4 861 368	51,8
1875	4 481 839	1902	9 493 667	4 578 268	48,2	4 915 399	51,8
1876	4 467 776	1903	10 067 337	4 860 928	48,3	5 206 409	51,7
1877	4 395 232						

Die Zunahme der Erzeugung, insbesondere seit dem Jahre 1885 kann als recht bedeutend bezeichnet werden, hervorzuheben bleibt außerdem die Aufrechterhaltung der hohen Förderziffer in den schwierigen Jahren 1901 und 1902, in welchen in den meisten benachbarten Revieren ein Niedergang zu beobachten war.

Tabelle 1 zeigt das Verhältnis der Förderziffer in Flamm- und Fettkohlen. Während bis zum Jahre 1893 ein wesentlicher Unterschied der beiden Zahlen nicht bestanden hat, kann in dem letzten Jahrzehnt entsprechend der günstigen Lage der Industrie, insbesondere der Eisen-Industrie, eine nicht unbedeutende Erhöhung der Förderung in Fettkohlen festgestellt werden.

Bis zum Jahre 1859 wurden die Kohlen nur als Förderkohlen verschickt, seitdem entstanden aber auf sämtlichen Gruben Rätteranlagen, welche die Förderkohlen sortierten und es ermöglichten, je nach der Verwendungsart Kohlensorten von verschiedener Körnung in den Handel zu bringen.

Seit dem Jahre 1888 begann man allmählich auch dem Bedürfnisse folgend die Kohlenwäschen, welche für die Kokskohlenaufbereitung schon seit 1859 bestanden, auf einzelnen Gruben zur Herstellung der Waschprodukte einzurichten.

III. Absatz.

1. Absatzrichtungen.

Lediglich des Überblickes und der Vollständigkeit halber ist zu bemerken, daß die auf den königlichen Saargruben gewonnenen Steinkohlen bis zum Jahre 1850 fast ausschließlich mit der Fuhre abgesetzt wurden und auf solche Weise bis an den Rhein einerseits und bis Nancy, Toul und Luxemburg andererseits gelangten. Vom Jahre 1850 ab wurde der Achsverkehr mehr und mehr durch den Eisenbahnversand ersetzt.

Im allgemeinen war dies naturgemäß ein wichtiger Fortschritt, der eine gewaltige Entwickelung des staatlichen Grubenbesitzes ermöglichte, wenn auch nicht zu verkennen ist, daß es seitdem um die herrschende Stellung der Saargruben in der südwestlichen Ecke Preußens geschehen war. Von diesem Zeitpunkte an drangen nämlich auch die Ruhrkohlen im Verein mit den belgischen und französischen Erzeugnissen mehr und mehr erfolgreich in das natürliche Absatzgebiet der Saargruben ein und ersetzten deren Kohlen mehr und mehr am Mittel- und Oberrhein, an der Mosel, in Luxemburg und Frankreich. Ähnliche Folgen hatte der 15 Jahre später (1865) erfolgende Anschluß der Saargruben an das französische Kanalnetz. Auf der einen Seite ermöglichte er eine verhältnismäßig bedeutendere Verfrachtung von Saarkohlen bis Paris, Lyon, Hüningen und Basel auf dem Wasserwege und gab so dem Saarkohlenabsatz die für die steigende Entwickelung der Gruben durchaus notwendige breitere Grundlage, wie sie die Schiffahrt auf Saar und Mosel bisher nicht geboten hatte. Andererseits brachten aber auch die Wasserfrachten den Wettbewerbern

Absatz.

Verkauf von sortierten und gewaschenen Kohlen. Tabelle 2.

Im Jahre		1. Sorte	2. Sorte	3. Sorte	Würfel-kohlen	Nuß-kohlen I	Nuß-kohlen II und Schmiede-kohlen	Nußgries und Feingries	Summe
1884	Fl.	940 190	1 345 012	565 689	—	—	—	—	2 850 891
	Ft.	1 265 390	366 018	1 290 757	—	—	—	—	2 922 165
1885	Fl.	980 374	1 320 395	612 174	—	—	—	—	2 912 943
	Ft.	1 237 279	320 634	1 257 297	—	—	—	—	2 815 210
1886	Fl.	908 928	1 201 884	637 757	—	—	—	—	2 748 569
	Ft.	1 204 428	294 612	1 271 766	—	—	—	—	2 770 806
1887	Fl.	928 529	1 235 183	643 596	—	—	—	—	2 807 308
	Ft.	1 215 844	287 537	1 322 343	—	—	—	—	2 825 724
1888	Fl.	946 182	1 311 585	713 423	—	—	—	—	2 971 190
	Ft.	1 265 847	287 208	1 357 006	—	—	—	—	2 910 061
1889	Fl.	881 557	1 385 355	642 911	—	—	—	—	2 909 823
	Ft.	1 230 522	284 864	1 275 405	—	—	—	—	2 790 791
1890	Fl.	853 271	1 486 172	623 640	—	—	—	—	2 963 083
	Ft.	1 233 040	291 841	1 312 667	—	—	—	—	2 837 548
1891	Fl.	841 810	1 549 832	592 307	—	—	—	—	2 983 949
	Ft.	1 323 343	281 916	1 359 644	—	—	—	—	2 964 903
1892	Fl.	850 269	1 423 857	636 062	—	—	—	—	2 910 188
	Ft.	1 291 607	198 158	1 398 512	—	—	—	—	2 888 277
1893	Fl.	774 513	1 302 971	500 286	—	—	—	—	2 577 770
	Ft.	1 239 193	239 033	1 320 059	—	—	—	—	2 798 285
1894	Fl.	800 590	1 473 492	397 713	—	—	—	—	2 671 795
	Ft.	1 493 474	265 294	1 538 728	—	—	—	—	3 297 496
1895	Fl.	840 483	1 597 629	379 563	—	—	—	—	2 817 675
	Ft.	1 564 624	289 948	1 533 561	—	—	—	—	3 388 133
1896	Fl.	840 888	1 389 164	379 452	96 267	127 148	104 898	235 276	3 173 093
	Ft.	1 663 779	287 380	1 508 552	52 646	69 951	24 460	73 293	3 680 061
1897	Fl.	854 595	1 286 782	390 779	146 589	194 181	176 372	341 860	3 391 157
	Ft.	1 738 037	235 255	1 603 253	79 369	120 037	61 141	114 455	3 951 548
1898	Fl.	926 496	1 325 837	425 999	163 482	207 188	194 457	391 251	3 634 710
	Ft.	1 840 405	236 466	1 732 948	90 794	128 544	50 132	70 126	4 149 415
1899	Fl.	962 413	1 453 036	443 811	143 997	201 633	175 825	398 678	3 779 393
	Ft.	1 917 186	232 969	1 746 405	87 502	136 444	53 565	65 821	4 239 892
1900	Fl.	993 923	1 539 699	426 508	148 187	206 817	168 938	412 750	3 896 822
	Ft.	2 007 707	282 879	1 784 860	82 755	128 080	59 591	72 038	4 417 910
1901	Fl.	1 089 887	1 393 850	423 834	169 776	212 592	197 906	399 368	3 887 213
	Ft.	2 029 635	248 019	1 716 382	81 007	132 182	54 272	66 707	4 328 204
1902	Fl.	1 129 662	1 321 011	470 565	165 655	225 958	208 173	410 742	3 931 766
	Ft.	1 961 796	210 069	1 767 689	134 955	158 909	56 938	76 273	4 366 629
1903	Fl.	1 236 053	1 238 302	505 110	177 242	241 934	225 279	483 069	4 106 989
	Ft.	1 968 902	162 962	1 895 612	177 489	201 388	65 786	100 446	4 572 585

in Belgien, Nordfrankreich und auf dem Oberrhein bequeme Zuführungen in das Saarkohlenabsatzgebiet. Diese Verhältnisse, die ja noch heute wirksam sind, machen es den Saargruben doch schwierig, ihr Absatzgebiet dauernd zu behaupten, da die geographische Lage an den Landesgrenzen neben den mancherlei Hemmnissen politischer Art, z. B. dem Zoll in Frankreich, die tarifarische Lage im Gegensatz zu dem mehr in der Mitte gelegenen Ruhrrevier sehr ungünstig zu gestalten geeignet ist. Dieser Gesichtspunkt darf z. B. bei der Mosel- und Saarkanalisierung nicht aus dem Auge gelassen werden.

Es dürfen deshalb den Saargruben sowohl ein leistungsfähiger Anschluß an die kanalisierte Mosel als auch entsprechende tarifarische Vergünstigungen nicht vorenthalten werden.

Der Absatz der Saarkohlen von den königlichen Gruben ist aus den Tabellen 3 und 4 zahlenmäßig zu entnehmen und auf Tafel 1 Fig. 2 und Tafel 2 Fig. 1 graphisch dargestellt. Tabelle 5 gibt den Gesamtkohlen- und Koksabsatz an, während Tabelle 6—8 und Fig. 2 Tafel 2 sich auf den reinen Koksabsatz beschränken.

Der Inlandabsatz ist bis zum Jahre 1891 ständig auf Kosten des Auslandes gestiegen und erreichte im Jahre 1900 auch wieder die hohe Anteilziffer von 87 v. H. des Gesamtabsatzes.

In der Zeit der Kohlenknappheit in Deutschland, also namentlich in den Jahren 1890 und 1900, hat sich der Saarbezirk daher die Deckung des Inlandbedarfes zur Hauptaufgabe gemacht, indem zugunsten der Verbraucher in Preußen und Süddeutschland zeitweise unter noch heute zu spürenden Nachteilen der Verkehr nach dem Auslande beschränkt wurde.

Daß eine solche Maßregel auf den Saarkohlenabsatz einen sehr ungünstigen Einfluß hatte, daß mit einem Schlage die Frucht vieler Mühen vernichtet wurde, ist erklärlich.

Leider vermochten nämlich die deutschen Verbraucher auch 1900 nicht, diese erhöhten Mengen aufzunehmen, da viele, welche während der Kohlenknappheit von den staatlichen Gruben stürmisch Kohlen verlangten, nach Rückkehr normaler Zeiten trotz ihrer Versprechungen nach und nach zu anderen Kohlen übergingen, die ihnen in der geschäftlichen Hochflut nicht erhältlich oder zu teuer waren. Man mußte deshalb, nachdem eine Zeitlang der Verwaltung und der Belegschaft der Saargruben schwere Opfer auferlegt, finanzielle Verluste erlitten und Feierschichten eingelegt waren, den Absatz nach dem Auslande, namentlich nach Frankreich mit neuen Opfern wieder erkämpfen. Diese Bestrebungen hatten auch nach vieler Mühe den gewünschten Erfolg, bis eine neue Kohlenknappheit in den Jahren 1899/1900 dazu zwang, zeitweise, aber erfreulicherweise nur vorübergehend ganz geringe Beschränkungen des Auslandes zugunsten des Inlandes eintreten zu lassen.

Absatz. 21

Kohlenabsatz
der Königlichen Saarbrücker Steinkohlengruben in den Jahren 1884—1903.

Tabelle 3.

Im Jahre	A. Absatz zum unmittelbaren Verbrauch als Kohle				B. Zur Koksdarstellung sind abgegeben				Summe A u. B	Hierzu Selbstverbrauch	Demnach Gesamtabsatz
	Eisenbahnabsatz	Wasserabsatz	Landabsatz	Summe A	an Privatkoksanlagen		an staatliche Koksanlagen	Summe B			
					im Eisenbahnabsatz	im Landabsatz					
	t	t	t	t	t	t	t	t	t	t	t
1884	3 663 936	693 208	402 823	4 759 967	410 630	589 434	113 204	1 113 268	5 873 235	197 776	6 071 011
1885	3 698 591	665 601	394 531	4 758 723	374 008	595 544	119 923	1 089 475	5 848 198	206 923	6 055 121
1886	3 547 357	605 628	408 436	4 561 421	247 739	709 413	106 482	1 063 634	5 625 055	209 206	5 834 261
1887	3 630 378	618 578	407 988	4 656 944	198 274	784 855	111 253	1 094 382	5 751 326	223 811	5 975 137
1888	3 866 566	586 567	401 933	4 855 066	236 126	801 355	109 610	1 147 091	6 002 157	253 535	6 255 692
1889	3 784 627	504 386	452 438	4 741 451	235 210	738 548	99 348	1 073 106	5 814 557	264 945	6 079 502
1890	3 843 670	499 531	471 902	4 815 103	238 165	754 855	112 888	1 105 908	5 921 011	287 212	6 208 223
1891	3 994 113	424 438	476 354	4 894 905	271 180	771 229	110 002	1 152 411	6 047 316	311 943	6 359 259
1892	3 869 197	467 815	388 289	4 725 301	351 495	742 556	96 632	1 190 683	5 915 984	341 104	6 257 088
1893	3 579 871	460 280	382 680	4 422 831	309 464	732 513	67 908	1 109 885	5 532 716	390 701	5 923 417
1894	3 891 056	506 670	399 834	4 797 560	378 725	804 857	95 035	1 278 617	6 076 177	467 802	6 543 979
1895	4 168 749	454 164	428 293	5 051 206	376 225	832 067	104 660	1 312 952	6 364 158	558 687	6 922 845
1896	4 646 300	507 256	415 236	5 568 792	360 742	911 556	115 990	1 388 288	6 957 080	723 475	7 680 555
1897	4 965 084	527 939	417 052	5 910 075	501 073	898 289	127 960	1 527 322	7 437 397	839 530	8 276 927
1898	5 227 098	549 129	425 751	6 201 978	671 642	939 845	118 320	1 729 807	7 931 785	860 309	8 792 094
1899	5 336 003	530 783	512 056	6 378 842	677 125	945 288	109 515	1 731 928	8 110 770	889 031	8 999 801
1900	5 576 271	571 098	521 527	6 668 896	668 987	966 230	105 872	1 741 089	8 409 985	966 314	9 376 299
1901	5 625 111	498 801	537 939	6 661 852	622 480	960 749	76 815	1 660 044	8 321 896	1 057 666	9 379 562
1902	5 729 288	512 830	457 897	6 700 015	633 107	1 023 712	95 715	1 752 534	8 452 549	1 065 010	9 517 559
1903	5 866 043	631 822	413 966	6 911 831	801 420	984 320	174 806	1 960 546	8 872 377	1 209 742	10 082 119

Tabelle 4.

Verteilung des Kohlenabsatzes (ohne Koks) der Königlichen Saarbrücker Gruben in verschiedenen Ländern in den Jahren 1884–1903.

(Die zur Koksdarstellung abgegebenen Kohlenmengen sowie der Selbstverbrauch der Gruben sind hierin nicht enthalten.)

Jahr	A. Absatz in Deutschland								B. Absatz nach dem Auslande										Gesamt-absatz
	in Preußen		nach Süddeutschen Staaten		nach Elsaß-Lothringen		Summe		nach Luxemburg		nach Frankreich		nach der Schweiz		nach Österreich		nach Italien		Summe	
	t	%	t	%	t	%	t	%	t	%	t	%	t	%	t	%	t	%	t	%	t
1884	1 040 510	21,8	1 393 715	29,3	943 843	19,8	3 378 068	70,9	48 620	1	824 130	17,4	442 169	9,3	19 790	0,4	47 190	1	1 381 899	29,1	4 759 967
1885	1 106 958	23,3	1 458 256	30,6	889 598	18,7	3 454 807	72,6	26 960	0,6	764 156	16,1	452 410	9,5	21 120	0,4	39 270	0,8	1 303 916	27,4	4 758 723
1886	1 120 959	24,6	1 441 367	31,6	891 351	19,5	3 453 677	75,7	18 260	0,4	618 197	13,6	434 276	9,5	10 020	0,2	26 990	0,6	1 107 743	24,3	4 561 420
1887	1 138 522	24,4	1 494 553	32,1	926 886	19,9	3 559 961	76,4	33 670	0,7	566 520	12,2	450 743	9,7	12 890	0,3	33 160	0,7	1 096 983	23,6	4 656 944
1888	1 230 485	25,3	1 597 626	32,9	976 565	20,1	3 804 676	78,3	40 050	0,8	511 464	10,6	442 896	9,1	12 280	0,3	43 700	0,9	1 050 390	21,7	4 855 066
1889	1 333 732	28,1	1 570 700	33,1	884 420	18,6	3 788 852	79,8	39 640	0,8	412 283	8,7	421 206	9	12 590	0,3	66 880	1,4	952 599	20,2	4 741 451
1890	1 372 002	28,5	1 645 485	34,2	1 002 536	20,8	4 020 023	83,5	28 880	0,6	328 409	6,9	405 650	8,4	7 260	0,1	24 880	0,5	795 079	16,5	4 815 103
1891	1 476 392	30,2	1 716 412	35,1	1 049 521	21,4	4 242 325	86,7	32 625	0,7	208 813	4,3	394 032	8	8 120	0,1	8 990	0,2	652 580	13,3	4 894 905
1892	1 319 550	27,9	1 640 851	34,7	956 001	20,2	3 916 402	82,8	38 640	0,8	324 708	6,9	434 639	9,2	5 020	0,1	5 893	0,2	808 900	17,2	4 725 302
1893	1 266 661	28,6	1 448 564	32,7	870 803	19,6	3 586 028	81	36 873	0,8	363 566	8,3	421 734	9,5	5 610	0,1	9 020	0,2	836 803	19	4 422 831
1894	1 296 461	27,2	1 717 370	35,7	927 848	18,3	3 941 679	82,2	36 100	0,8	348 740	7,3	449 921	9,3	10 760	0,2	10 360	0,2	855 884	17,8	4 797 561
1895	1 373 093	27,2	1 859 828	36,8	958 921	18,9	4 191 841	83	38 612	0,8	324 185	6,4	478 627	9,5	11 970	0,2	5 970	0,1	859 364	17	5 051 206
1896	1 544 309	27,7	2 061 433	37,1	1 011 829	18,1	4 617 571	82,9	48 373	0,9	360 701	6,5	519 088	9,3	18 450	0,3	4 620	0,1	951 232	17	5 568 803
1897	1 742 673	29,5	2 124 721	35,9	997 693	16,9	4 865 087	82,3	56 609	1	391 262	6,6	568 699	9,6	20 997	0,3	7 420	0,1	1 044 987	17,7	5 910 074
1898	1 793 741	28,9	2 272 698	36,7	1 000 856	16,2	5 067 295	81,8	58 057	0,9	428 152	6,9	610 174	9,9	24 600	0,3	13 700	0,2	1 134 683	18,2	6 201 978
1899	1 989 460	31,2	2 226 546	34,9	1 019 178	16	5 235 184	82,1	24 965	0,4	456 840	7,2	637 763	10	18 900	0,3	5 190	0,1	1 143 658	17,9	6 378 842
1900	2 159 358	32,4	2 272 099	34,1	1 162 686	17,4	5 594 143	83,9	38 925	0,6	434 211	6,5	582 552	8,7	17 855	0,3	1 210	.	1 074 753	16,1	6 668 896
1901	2 081 355	31,2	2 378 240	35,7	1 245 512	18,7	5 705 107	85,6	45 985	0,7	359 832	5,4	532 125	8	16 273	0,3	2 530	.	956 745	14,4	6 661 852
1902	2 024 666	30,2	2 434 047	36,3	1 226 627	18,3	5 685 340	84,8	45 207	0,7	455 161	6,8	489 762	7,3	16 515	0,3	8 030	0,1	1 014 675	15,2	6 700 015
1903	2 031 441	29,4	2 372 347	34,3	1 274 281	18,4	5 678 069	82,1	52 774	0,8	524 953	7,6	624 454	9	16 596	0,3	14 985	0,2	1 233 762	17,9	6 911 831

Absatz. 23

Verteilung des gesamten Kohlen- und Koksabsatzes der Königlichen Saarbrücker Gruben
nach verschiedenen Ländern in den Jahren 1884—1903.

Tabelle 5.

(Für die Koks sind die zur Herstellung erforderlich gewesenen Kohlenmengen eingesetzt.)

Jahr	Deutschland							Ausland									Gesamt-absatz
	Preußen		Süddeutsche Staaten		Elsaß-Lothringen		Summe		Luxemburg		Frankreich		Schweiz		Österreich		Italien		Summe		
	t	%	t	%	t	%	t	%	t	%	t	%	t	%	t	%	t	%	t	%	t
1884	1 523 834	25,9	1 449 776	24,7	1 326 172	22,6	4 299 783	73,2	49 051	0,8	969 541	16,6	484 992	8,2	21 064	0,4	49 054	0,8	1 573 702	26,8	5 873 485
1885	1 620 834	27,7	1 521 753	26,2	1 249 290	21,3	4 391 877	75,2	27 420	0,5	871 121	14,8	495 852	8,4	22 002	0,4	39 926	0,7	1 456 321	24,8	5 848 198
1886	1 672 228	29,7	1 502 005	26,7	1 236 864	22	4 411 097	78,4	19 413	0,4	675 131	12	480 766	8,5	11 266	0,2	27 381	0,5	1 213 957	21,6	5 625 054
1887	1 748 306	30,4	1 531 376	26,6	1 296 543	22,5	4 576 225	79,5	33 744	0,6	606 461	10,5	494 619	8,6	13 020	0,2	33 605	0,6	1 181 449	20,5	5 757 674
1888	1 905 827	31,7	1 631 416	27,1	1 355 853	22,6	4 893 096	81,4	40 163	0,7	533 825	8,9	486 374	8,1	12 637	0,2	43 997	0,7	1 116 996	18,6	6 010 082
1889	2 019 800	34,7	1 597 794	27,5	1 219 136	21	4 836 730	83,2	39 698	0,7	415 467	7,1	448 762	7,7	12 782	0,2	67 283	1,1	983 992	16,8	5 820 722
1890	2 116 856	35,8	1 672 623	28,2	1 293 562	21,8	5 083 041	85,8	28 958	0,5	340 091	5,7	436 585	7,4	7 260	0,1	25 075	0,5	837 969	14,2	5 921 010
1891	2 249 394	37,2	1 745 210	28,8	1 303 581	21,6	5 298 185	87,6	32 712	0,6	261 643	4,3	437 185	7,2	8 580	0,1	9 010	0,2	749 130	12,4	6 047 315
1892	2 194 512	37,1	1 673 797	28,3	1 198 600	20,2	5 066 909	85,6	38 671	0,7	326 806	5,5	472 410	8	5 235	0,1	5 952	0,1	849 074	14,4	5 915 983
1893	2 136 232	38,6	1 463 704	26,4	1 051 471	19,1	4 651 407	84	36 950	0,7	365 949	6,6	462 909	8,3	5 610	0,1	9 891	0,1	881 309	15,9	5 532 716
1894	2 256 211	37,1	1 754 987	28,9	1 166 448	19,2	5 177 646	85,2	36 120	0,6	350 540	5,8	490 650	8,1	10 771	0,2	10 450	0,2	898 531	14,8	6 076 177
1895	2 361 493	37	1 899 427	29,8	1 204 921	18,9	5 465 841	85,7	38 712	0,6	329 655	5,2	522 327	8,2	12 070	0,2	5 970	0,1	908 735	14,3	6 374 576
1896	2 535 400	36,4	2 093 473	30,1	1 296 829	18,7	5 925 702	85,2	48 442	0,7	401 541	5,8	558 288	8	18 487	0,2	4 620	0,1	1 031 378	14,8	6 957 080
1897	2 893 545	38,9	2 151 111	28,9	1 276 147	17,1	6 320 803	84,9	57 349	0,8	432 691	5,8	597 821	8,1	20 998	0,3	7 735	0,1	1 116 594	15,1	7 437 397
1898	3 173 071	40	2 300 514	29	1 267 158	16	6 740 743	85	58 350	0,7	462 652	5,8	631 622	8	24 620	0,3	13 798	0,2	1 191 042	15	7 931 785
1899	3 341 557	41,2	2 251 286	27,8	1 347 508	16,6	6 940 351	85,6	25 074	0,3	469 191	5,8	652 025	8	18 900	0,2	5 229	0,1	1 170 419	14,2	8 110 770
1900	3 561 308	42,4	2 284 829	27,2	1 467 025	17,4	7 313 162	87	39 540	0,5	438 466	5,2	598 407	7,1	18 810	0,2	It. 1 210 Belg. 390	—	1 096 823	13	8 409 985
1901	3 433 667	41,3	2 393 981	28,8	1 516 540	18,2	7 344 188	88,3	46 074	0,6	365 757	4,4	544 439	6,5	17 432	0,2	It. 4 006	—	977 708	11,7	8 321 896
1902	3 515 636	41,6	2 447 027	28,9	1 466 867	17,4	7 429 530	87,9	45 267	0,5	457 896	5,4	494 897	5,9	16 815	0,2	8 145	0,1	1 023 020	12,1	8 452 550
1903	3 705 615	41,8	2 382 000	26,8	1 539 161	17,3	7 626 776	85,9	52 830	0,6	529 299	6,0	631 280	7,1	17 151	0,2	15 041	0,2	1 245 601	14,1	8 872 377

Anmerkung: Der Selbstverbrauch der Gruben ist in der Spalte „Preußen" nicht mitenthalten.

Kokserzeugung im Bezirke der Königlichen

Jahr	An Koks wurden erzeugt			Zur Koksdarstellung wurden an Kohlen abgegeben				Durchschnittlich. Ausbringen an Koks
	auf staatlichen Anlagen t	auf Privatanlagen t	Summe t	an Privatanlagen		an staatliche Koksanlagen t	Summe t	%
				im Eisenbahnabsatz t	im Landabsatz t			
1884	55 293	538 836	594 129	410 630	589 434	113 204	1 113 268	53,4
1885	62 748	518 019	580 767	374 008	595 544	119 923	1 089 475	53,3
1886	55 810	515 879	571 689	247 739	709 413	106 482	1 063 634	53,7
1887	55 788	535 680	591 468	198 274	784 855	111 253	1 094 382	53,7
1888	57 226	556 472	613 698	236 126	801 355	109 610	1 147 091	53,1
1889	49 087	513 582	562 669	235 210	738 548	99 348	1 073 106	52,1
1890	55 142	511 821	566 963	238 165	754 855	112 888	1 105 908	51,2
1891	55 208	520 776	575 984	271 180	771 229	110 002	1 152 411	49,9
1892	48 279	559 759	608 038	351 495	742 556	96 632	1 190 683	51
1893	34 357	539 224	573 580	309 464	732 513	67 908	1 109 885	51,7

Kokserzeugung der Hütten-

		1884	1885	1886	1887	1888	1889	1890
Hüttenkokereien								
1. Lothr. Eisenwerke .	Anl. Malstatt	29 350	.	.	.	.	.	.
2. Rud. Böcking & Co.	Halbergerhütte	18 598	17 812	19 442	20 342	21 585	20 816	23 972
3. Luxemburger Bergwerks- und Saarbrücker Eisenhütten- Aktiengesellschaft .	Burbach	81 037	79 173	74 199	71 876	86 261	79 678	79 944
4. Lamarche & Co. . .	Dechen *)	70 375	74 805	75 135	81 665	81 475	73 935	74 210
5. Röchlingsche Eisen- und Stahlwerke . . .	Völklingen u. Altenwald	88 463	89 866	87 430	88 670	88 262	80 085	85 082
6. Gebrüder Stumm . .	Neunkirchen	90 413	97 664	101 721	102 825	107 337	107 083	100 874
Enkel von de Wendel & Co.	Sulzbach	105 180	102 376	105 235	113 787	111 362	97 210	96 754
	Summe	483 416	461 696	463 162	479 165	496 282	458 807	460 836
Handelskokereien Staatliche	Heinitz	55 293	62 748	55 810	55 788	57 226	49 087	55 142
F. Mansuy**)	Heinitz	55 420	56 323	52 717	56 515	60 190	54 775	50 985
	Summe	110 713	119 071	108 527	112 303	117 416	103 862	106 127
	Gesamtsumme	594 129	580 767	771 689	591 468	613 698	562 669	566 963

Erläuterungen zu 4: Zu Handelszwecken sind

*) Von 1896 ab Montanges. Lothr.-Saar — Anlage Dechen, von 1899 ab Hüttenverein Sambre-Mosel — Anlage Dechen.

Absatz.

Saarbrücker Gruben in den Jahren 1884—1903.

Tabelle 6.

Jahr	An Koks wurden erzeugt			Zur Koksdarstellung wurden an Kohlen abgegeben				Durchschnittlich. Ausbringen an Koks
	auf staatlichen Anlagen	auf Privatanlagen	Summe	an Privatanlagen		an staatliche Koksanlagen	Summe	
				im Eisenbahnabsatz	im Landabsatz			
	t	t		t	t	t	t	%
1894	53 204	627 832	681 036	378 725	804 857	95 035	1 278 617	53,3
1895	57 848	655 198	713 047	376 225	832 067	104 660	1 312 952	54.3
1896	63 602	680 038	743 640	360 742	911 556	115 990	1 388 288	53,6
1897	70 171	750 565	820 736	501 073	898 289	127 960	1 527 322	53,7
1898	61 124	825 803	886 927	671 642	939 845	118 320	1 729 807	51,3
1899	54 394	822 972	877 366	677 125	945 288	109 515	1 731 928	50,7
1900	55 086	839 193	894 279	668 987	966 230	105 872	1 741 089	51,4
1901	36 529	801 277	837 806	622 480	960 749	76 815	1 660 044	50,5
1902	47 226	881 259	928 485	633 107	1 023 712	95 715	1 752 534	53,6
1903	100 843	941 706	1 042 549	801 419	984 320	174 806	1 960 546	53,2

und Handelskokereien.

Tabelle 7.

1891	1892	1893	1894	1895	1896	1897	1898	1899	1900	1901	1902	1903
.	.	.	.	.	.	.	.	.	.	.	.	.
34 415	43 555	45 129	49 392	50 828	52 815	74 839	79 949	78 840	79 230	84 940	100 416	99 620
80 549	92 715	91 048	112 350	107 070	105 224	130 406	211 773	211 840	205 720	194 263	216 594	233 558
72 467	74 631	72 400	91 390	89 401	90 658	90 730	70 643	67 190	62 312	24 843	135	46 234
88 578	90 112	86 485	101 121	121 482	130 135	131 139	146 983	156 205	177 364	190 916	216 272	244 766
99 268	105 774	102 640	107 469	116 313	120 765	137 022	145 441	146 460	157 340	139 211	176 666	179 526
92 968	103 532	96 422	112 910	113 985	122 841	122 494	113 274	104 320	98 757	110 000	112 888	123 482
468 245	510 319	494 124	574 632	599 079	622 438	686 630	768 063	764 855	780 723	744 173	822 971	927 186
55 208	48 279	34 356	53 204	57 848	63 602	70 171	61 124	54 394	55 085	36 589	47 206	100 753
52 530	49 440	45 100	53 200	56 120	57 600	63 935	57 740	58 117	58 471	57 105	58 288	14 520
107 738	97 719	79 456	106 404	113 968	121 202	134 106	118 864	112 511	113 556	93 694	105 494	115 273
575 983	608 038	573 580	681 036	713 477	743 640	820 736	886 927	877 366	894 279	837 867	928 465	1 042 459

nur geringe Mengen (¹/₈ in I/1902) abgegeben.

**) Von 1896 ab Montanges. Lothr.-Saar — Anlage Heinitz, jetzt Eigentum des Bergfiskus.

Verteilung des Koksabsatzes aus dem Saarreviere nach verschiedenen Ländern in den Jahren 1884—1903.

Tabelle 8.

Jahr	A. Absatz in Deutschland								B. Absatz nach dem Auslande										Gesamt-absatz
	in Preußen		nach den süddeutschen Staaten		nach Elsaß-Lothringen		Summe		nach Luxemburg		nach Frankreich		nach der Schweiz		nach Österreich		nach Italien		
	t	%	t	%	t	%	t	%	t	%	t	%	t	%	t	%	t	%	Summe t	%	t

Jahr	t	%	t	%	t	%	t	%	t	%	t	%	t	%	t	%	t	%	t
1884	257 905	43,4	29 920	5,—	204 049	34,4	491 874	82,8	.	.	77 606	13,—	22 854	3,9	680	0,1	995	0,2	102 365	17,2	594 239
1885	273 869	47,2	33 840	5,8	191 695	33,—	499 404	86,—	245	.	57 006	9,8	23 152	4,—	470	0,1	350	0,1	81 223	14,—	580 627
1886	296 388	51,8	32 602	5,7	185 764	32,5	514 754	90,—	620	0,1	30 610	5,4	24 995	4,4	670	0,1	210	.	57 105	10,—	571 859
1887	327 664	55,4	19 812	3,4	198 617	33,6	546 093	92,4	40	.	21 460	3,6	23 575	4,—	70	.	240	.	45 385	7,6	591 478
1888	358 809	58,5	17 952	2,9	201 516	32,8	578 277	94,2	60	.	11 880	1,9	23 100	3,8	190	.	220	.	35 450	5,8	613 727
1889	357 700	63,6	14 124	2,5	174 550	31,—	546 374	97,1	30	.	1 660	0,3	14 365	2,6	210	.	100	.	16 365	2,9	562 739
1890	381 834	67,3	13 914	2,5	149 185	26,3	544 933	96,1	40	.	5 990	1,1	15 860	2,8	210	.	100	.	21 990	3,9	566 923
1891	386 336	67,1	14 273	2,5	126 951	22,—	527 560	91,6	40	.	26 400	4,6	21 544	3,8	.	.	230	.	48 224	8,4	575 784
1892	446 912	73,4	16 882	2,8	123 932	20,4	587 726	96,6	20	.	1 075	0,2	19 308	3,2	.	.	30	.	20 543	3,4	608 269
1893	444 216	77,1	12 992	2,2	93 372	16,2	550 580	96,—	40	.	1 230	0,2	21 281	3,7	110	.	10	.	23 001	4,—	573 581
1894	516 236	75,8	18 990	2,8	123 090	18,1	658 316	96,7	10	.	965	0,1	21 685	3,1	.	.	450	.	23 001	3,4	681 036
1895	531 731	74,5	21 949	3,1	132 822	18,6	686 502	96,2	50	.	2 945	0,4	23 590	3,3	50	.	.	.	26 635	3,8	713 137
1896	530 352	71,1	17 483	2,4	152 857	20,6	700 692	94,2	40	.	21 852	2,9	20 985	2,8	20	.	.	.	42 897	5,7	743 589
1897	618 488	75,3	14 183	1,7	149 650	18,2	782 321	95,3	400	.	22 265	2,6	15 630	1,9	.	.	170	.	38 465	4,7	820 786
1898	707 229	79,7	14 260	1,6	136 543	15,3	858 032	96,6	150	.	17 690	1,9	10 995	1,3	10	.	50	.	28 895	3,2	886 927
1899	684 951	78,1	12 533	1,4	166 327	18,9	863 811	98,5	55	.	6 255	0,7	7 225	0,8	.	.	20	.	13 555	1,5	877 366
1900	720 012	80,5	6 535	0,7	156 307	17,5	882 854	98,7	315	.	2 185	0,2	8 135	0,9	490	0,1	200 Belg.	.	11 325	1,3	894 179
1901	682 547	81,5	7 945	0,9	136 795	16,3	827 287	98,7	45	.	2 990	0,4	6 215	0,7	585	0,1	745 Ital.	0,1	10 580	1,3	837 867
1902	789 883	85,1	6 879	0,7	127 280	13,7	924 024	99,5	30	.	1 450	0,2	2 723	0,3	160	.	60	.	4 423	0,5	928 465
1903	890 213	85,4	5 128	0,5	140 827	13,5	1 036 168	99,4	30	.	2 311	0,2	3 630	0,4	290	.	30	.	6 291	0,6	1 042 459

Mit einigen Ausnahmen traf diese Maßregel nur Abnehmer, welche nicht rechtzeitig und vorsichtig genug ihren Kohlenbedarf eingedeckt hatten.

Bezüglich der Aufnahmefähigkeit von Saarkohlen weisen im Inlande namentlich die preußischen Provinzen (südlich Rheinpfalz, Hessen) in den letzten Jahren eine steigende Richtung auf. Den Hauptanteil nimmt hier natürlich die Saarindustrie in Anspruch, deren Kokereien ihre Bezüge seit 1895 erheblich vermehrten und deren Entwickelung unter der Gunst der Verhältnisse recht kräftig geworden ist.

Ähnlich war die Lage in Süddeutschland, wenn auch hier der Ruhrkohlenwettbewerb infolge fallender Rheinfrachten sich recht empfindlich bemerkbar machte. Diesem Wettbewerbe konnte mit der durch Wäschen und Separationen bedeutend aufgebesserten Güte unserer Erzeugnisse immerhin erfolgreich entgegengetreten werden.

Elsaß-Lothringen, welches früher unser Hauptabsatzgebiet bildete, war eine Zeitlang mehr und mehr zu anderen Herkünften übergegangen, z. B. hatten die Ruhrkohlen infolge der billigen Wasserfracht auf dem Oberrhein erfolgreich namentlich ab Lauterburg, Straßburg und Mülhausen Eingang gefunden, und es gelang nur sehr langsam, unser früheres Absatzgebiet wieder zu gewinnen, zumal auch die übrigen Privatgruben an der Saar gerade dorthin Eingang für ihre Erzeugnisse suchten.

Auch belgische Kohlen, die auf dem Kanal und mit planmäßig vorbereiteten günstigen Tarifen in das Herz unseres Absatzgebietes eindrängen, nahmen uns dort einen Teil unserer Kunden fort.

Vom Ausland war die Schweiz ein großer Abnehmer unserer Produkte, auch Frankreich hat allmählich seine Bezüge nach vielen Opfern und Mühen sehr vorteilhaft gesteigert. Vor allem gelang es, die früher belieferten Gebiete St. Dizier, Dijon, Lyon teilweise wieder zu gewinnen.

In Italien kamen unsere Kohlen infolge des starken Wettbewerbes englischer Herkünfte ab Genua trotz aller Bemühungen nicht zu einer steigenden Entwickelung.

Dagegen haben Saarkohlen in Österreich einen zwar kleinen, aber regelmäßigen Kundenkreis erworben, ebenso in Luxemburg.

2. Industriezweige.

In der Tabelle 9 ist eine Zusammenstellung der einzelnen mit Saarkohlen versorgten Industrien gefertigt.

Man sieht hieraus, daß trotz erhöhter Kokskohlenmengen die Bezüge der Eisenindustrie verhältnismäßig gesunken sind, daß die Eisenbahnen und namentlich die Gaswerke ihre Bezüge trotz der starken Steigerung

Verteilung des Absatzes auf

Es bezogen die	1884 v. H.	1885 v. H.	1886 v H.	1887 v. H.	1888 v. H.	1889 v. H.	1890 v. H.
Eisenindustrie	27,80	26,56	26,46	27,55	28,35	28,36	28,19
Eisenbahnen	7,23	7,69	7,24	6,58	6,96	7,17	7,13
Gasanstalten	5,21	5,73	5,59	5,66	5,06	4,71	5,18
Textilindustrie	4,16	4,54	4,57	3,77	3,84	2,88	3,39
Chem. Fabriken	4,05	3,87	3,29	2,93	2,49	2,68	2,64
Glasindustrie	3,01	3,02	2,92	2,91	2,83	2,99	3,12
Salinen	1,66	1,96	1,76	1,90	1,83	1,62	1,35
Zuckerfabriken	0,90	0,78	0,81	0,71	0,69	0,68	0,67
Porzellan- u. Steingut-Fabriken	0,90	0,84	0,82	0,84	0,87	0,92	0,97
Tonwarenfabriken u. Ziegeleien	0,90	1,02	0,98	1,07	1,05	1,00	1,33
Maschinenfabriken	0,89	0,93	0,93	0,92	0,95	0,94	0,79
Papierfabriken	0,60	0,64	0,72	0,40	0,41	0,47	0,65
Zementfabriken	0,29	0,52	0,48	0,53	0,62	0,62	0,64
Sonstige Industrien	—	—	—	—	—	—	—
(Kleingewerbe) Handel	39,15	38,48	39,84	40,48	39,99	40,60	39,33
und zum Hausbrand	—	—	—	—	—	—	—
Selbstverbrauch	3,25	3,42	3,59	3,75	4,06	4,36	4,62
	100	100	100	100	100	100	100

*) Industrie der Steine und Erde. **) In Industrie der Steine und Erde enthalten.

des Saarkohlenabsatzes auch prozentual gesteigert haben, daß aber die Textil- und die chemische Industrie, die sich in der Regel in der Nähe der Wasserstraße niederlassen, trotz riesenhafter Entwickelung kaum im früheren Verhältnis am Saarkohlenbezuge teilnehmen.

Das Sinken der Bezüge der Eisenindustrie hängt mit der besseren Ausnutzung der Kohlen bei fortgeschrittener Technik — wie oben schon angedeutet wurde — zusammen und vermindert die Abhängigkeit der Kohlengruben von dem Beschäftigungsgrade der Eisenhütten.

Aus dieser Zusammenstellung geht ferner hervor, daß die Bergwerksdirektion den größten Teil ihrer Kohlen unmittelbar an Selbstverbraucher und nur mit dem kleineren Teil an Händler abgibt, trotzdem sie an diesen letzteren sehr angenehme Abnehmer besitzt.

Die Händler haben übrigens in den letzten Jahren trotz der gesunkenen Verhältniszahl der Zuteilung annähernd gleiche Mengen erhalten, lediglich infolge der Steigerung des Absatzes ist der Prozentsatz ihrer Bezüge etwas heruntergegangen.

die einzelnen Industriezweige.

Tabelle 9.

1891 v. H.	1892 v. H.	1893 v. H.	1894 v. H.	1895 v. H.	1896 v. H.	1897 v. H.	1898 v. H.	1899 v. H.	1900 v. H.	1901 v. H.	1902 v. H.	1903 v. H.
28,98	29,29	28,73	28,20	27,20	26,82	26,47	26,60	28,04	26,19	25,73	27,07	28,64
6,85	5,97	6,78	9,02	9,53	9,47	9,70	9,79	9,82	9,95	9,99	9,19	8,90
6,15	6,54	6,46	6,60	6,22	6,88	7,56	6,83	9,18	8,29	8,73	9,33	10,24
4,37	5,13	4,38	3,74	3,18	3,23	3,60	3,46	3,20	3,43	3,66	3,72	3,65
2,72	2,63	2,36	1,92	2,03	2,32	2,50	2,41	2,81	2,40	2,10	1,95	2,45
3,16	3,20	3,24	2,94	2,74	2,66	2,50	2,32	2,52	2,38	2,45	2,35	2,18
1,11	1,05	0,73	0,59	0,46	0,45	0,40	0,44	0,38	0,34	0,40	0,33	0,35
0,62	0,53	0,44	0,45	0,53	0,54	0,70	0,78	0,66	0,63	0,62	0,45	0,39
0,97	0,89	0,78	0,77	0,78	0,78	0,79	0,76	0,82	0,81	0,83	0,82	*) 3,53
1,71	1,67	1,58	1,39	1,33	1,27	1,40	1,31	1,62	1,49	1,53	1,29	
0,89	1,05	1,11	1,05	1,20	1,05	1,06	1,00	1,26	1,50	1,49	1,51	0,62
0,95	1,12	0,98	0,98	0,78	0,72	0,80	0,74	0,82	0,81	0,85	0,77	0,86
0,76	0,99	0,60	0,62	0,36	0,91	1,00	1,02	1,22	1,53	1,38	1,21	**)
sonstige Industrieverbände als Selbstverbraucher								0,82	1,67	1,68	1,73	1,45
								1,96	1,87	2,36	2,41	—
35,88	34,49	35,19	34,64	35,55	33,49	31,37	32,65	Handel 24,26	21,04	20,47	20,71	24,80
—	—	—	—	—	—	—	—	—	5,36	4,45	3,97	
4,88	5,45	6,64	7,09	8,11	9,41	10,15	9,89	10,61	10,31	11,28	11,19	11,94
100	100	100	100	100	100	100	100	100	100	100	100	100

Die landwirtschaftlichen Genossenschaften erhalten seit 1900 auf Wunsch unmittelbare Lieferungen.

3. Absatzwege.

Die Verteilung des gesamten Absatzes an Kohlen auf die verschiedenen Absatzwege (Eisenbahn, Wasser, Land) geht aus Tabelle 3 hervor, auf welche hier verwiesen wird (S. 21).

a) Eisenbahnabsatz.

Das Eisenbahnnetz hat, soweit der Verkehr der Staatsgruben in Betracht kommt, eine nennenswerte Erweiterung seit dem Jahre 1884 nicht erfahren.

Außer den Linien:

in Baden:

Graben-Neudorf-Wintersdorf,	eröffnet am 25. 4. 1895,	Gleisl.	50 km,
Freiburg-Neustadt,	„ „ 23. 5. 1887,	„	35 „
Weizen-Hintschingen,	„ „ 20. 5. 1890,	„	41 „
Kehl-Lichtenau-Bühl,	„ „ 11. 1. 1892,	„	39 „

in Elsaß-Lothringen:

Hagenau-Röschwoog-Rastatt,	eröffnet am	1. 5. 1895,	Gleisl.	37,5 km,
Mommenheim-Saargemünd,	„ „	$\frac{1.\ 5.}{1.\ 10.}$ 1895,	„	74,5 „
Weißenburg-Lauterburg,	„ „	11. 1. 1900,	„	20,8 „
Fentsch-Aumetz,	„ „	1. 11. 1899,	„	9,4 „

in Pfalz:

Lauterecken-Staudernheim,	„	„ 17. 10. 1896,	„	22,9 „
Türkismühle-Hermeskeil,	„	„ 15. 5. 1897,	„	22,4 „
Wemmetsweiler-Nonnweiler,	„	„ $\frac{15.\ 5.}{1.\ 11.}$ 1897,	„	52,7 „
Trier-Hermeskeil,	„	„ 15. 8. 1889,	„	50,3 „
Mayen-Gerolstein,	„	„ 15. 5. 1895,	„	70,7 „

sind nur Lokalbahnen für den Saarkohlenvertrieb neu in Betrieb gekommen, die einen größeren Einfluß auf das Kohlengeschäft nicht gehabt haben.

Die Linie Hagenau-Röschwoog-Rastatt hat die Entfernung im Verkehr der Saar mit Oberbaden, sowie auch für größere Teile der Ostschweiz um 24 km abgekürzt, wodurch Ermäßigungen bis zu 50 Pf. für die Tonne erwachsen sind. Eine gleiche Vergünstigung hat die Linie Saargemünd-Kalhausen-Mommenheim-Obermodern in dem Verkehr nach Straßburg gebracht, leider aber nicht darüber hinaus, da der für Saarkohle bei weitem wichtigere Verkehr nach dem Oberelsaß und der Westschweiz über Saargemünd, Saarburg, Zabern, Molsheim, Schlettstadt geleitet wird, diese Linie jedoch kilometrisch noch kürzer ist, als diejenige über Kalhausen-Mommenheim.

Die Linie Lauterburg-Weißenburg hat dem Rheinhafenplatz neue Vorteile gebracht.

Die Linie Fentsch-Aumetz ist nicht geeignet, der Saarkohle den Luxemburger Minettebezirk zu erschließen, da sie ihn nur einige wenige Kilometer näher gebracht hat.

Die anderweitige Abgrenzung der Verwaltungsbezirke der Königlichen Eisenbahndirektionen Frankfurt am Main, Mainz, Elberfeld, Cöln, St. Johann-Saarbrücken, die am 1. April 1895 in Kraft trat, wie der Erwerb der Hessischen Ludwigs-Eisenbahn für den preußischen und hessischen Staat und die damit verbundene Bildung einer Eisenbahnbetriebs- und Finanzgemeinschaft zwischen Preußen und Hessen (Gesetz vom 16. Dezember 1896) sind für die Erweiterung oder den einheitlichen Versand unserer Erzeugnisse ebenfalls nicht von Belang gewesen.

Dagegen hat der alljährlich im Herbste auftretende Wagenmangel häufig ganz empfindliche Betriebsstörungen verursacht und natürlich auch erhebliche Geldeinbußen im Gefolge gehabt. Diesem Übelstande hat auch die 1881—1884 begonnene Einführung von $12^1/_2$ t Wagen, die 1891—1894 eine solche von 15 t Wagen nach sich zog, nicht abhelfen können, die Verwendung dieser Wagen ist vielmehr trotz der unverkennbaren Vorteile, die ein Wagen mit höherer Tragfähigkeit hat, infolge mancher Unannehmlichkeiten fortgesetzt auf den Widerstand der kleineren Abnehmer gestoßen, die einmal an Ladungen von 10 t gewöhnt sind und auch häufig das Mehrgewicht nicht in ihrem Hofraum, Keller usw. unterbringen können. Besonders scharf traten diese Übelstände in der Zeit der Kohlenknappheit für den Zwischenhandel im Jahre 1900 in Erscheinung, da dieser hierorts nach Tonneneinheiten kauft und in den meisten Gegenden wagenweise weiterverkauft. Sehr häufig wurden dadurch dem Zwischenhandel 20 bis 30 v. H. seiner Mengen entzogen, was natürlich zahllose Klagen zur Folge hatte.

Jedenfalls sind trotz aller solcher Unannehmlichkeiten Wagen mit erhöhter Tragfähigkeit und womöglich Selbstentladung für die Großindustrie sehr erwünscht, auch die besondere Einrichtungen (Höhenunterschied zwischen Gleis und Lagerplatz) bedingenden Trichterwagen mit Bodenklappen finden mehr und mehr auch im weiteren Absatzgebiete Eingang.

Dem Wagenmangel hat man durch anderweitige Abkommen bezüglich der Wagenbeistellung abzuhelfen versucht, besonders aber durch den im Jahre 1899 begonnenen und seitdem regelmäßig fortgesetzten Neubau von Umlaufmitteln. In Unterstützung der Bestrebung der Eisenbahnverwaltungen hat die Bergwerksdirektion selbst in die Verträge mit den Großabnehmern die Forderung der Abnahme von womöglich größeren Mengen in den Sommermonaten, mindestens aber einer unbedingt gleichen Monatsverteilung nach Arbeitstagen aufgenommen. Dem Wagenmangel versuchte ferner die Eisenbahn durch Bildung von Sonderzügen (Saarbrücken-Karlsruhe, München, Frankenthal i. Pf.) durch Heranziehung von Spezialwagen fremder Bahnen für den Kohlenverkehr erfolgreich zu steuern. Besondere Unterstützung gewährte in diesem Punkte die Jura-Simplon-Bahn, die zunächst 100 solcher Spezialwagen bereitstellte.

Eine Vermehrung der Kohlenabfertigungsgeschäfte ist den kgl. Gruben noch durch die Aufhebung der Reexpeditionsstellen in Neunkirchen, Conz und Bingerbrück erwachsen. Sie sind durch diese zugunsten eines schnelleren Wagenumlaufes seitens der Eisenbahnverwaltung getroffenen Maßnahme gezwungen, sich mehr und mehr dem Einzelverkehr zu widmen, haben auf der anderen Seite aber einen besseren Überblick über den Verbleib ihrer Produkte gewonnen.

Nachrichtlich ist zu erwähnen, daß am 1. Oktober 1891 die Eisenbahnstation Göttelborn mit einer 300 t betragenden täglichen Abfertigung in den allgemeinen Verkehr ab Merchweiler aufgenommen wurde.

Am 1. Mai 1891 wurde die Bestimmung der unentgeltlichen Beförderung eines $2^1/_2$ prozentigen Übergewichtes aufgehoben.

b) Wasserabsatz.

Die auf dem Wasserwege abgesetzten Kohlenmengen, verteilt auf die einzelnen Ladestellen, sind aus der Tabelle 10 ersichtlich.

Verteilung des Absatzes zu Wasser der Königlichen Saarbrücker Gruben in den Jahren 1884—1903.

Tabelle 10.

| Jahr | Schiffsabsatz der Königlichen Saarbrücker Gruben | | | | | | | Schiffs-Absatz der Privatgrube Hostenbach | Demnach hat der ganze Schiffs-Absatz im Saarrevier betragen |
| | von Hafen Malstatt t | von Louisenthal t | von Wehrden t | von Ensdorf t | Summe t | Hiervon sind | | | |
						Kanal-Absatz t	Saar-Absatz t		
1884	477 624	165 925	20 869	28 790	693 208	679 549	13 659	40 683	733 891
1885	467 379	144 230	28 089	25 903	665 601	653 466	12 135	45 141	710 742
1886	379 591	165 365	35 132	25 540	605 628	595 418	10 210	39 439	645 067
1887	390 730	172 946	35 287	19 614	618 578	611 911	6 667	47 380	665 958
1888	365 735	171 966	28 503	20 364	586 568	580 313	6 225	21 689	608 257
1889	291 199	160 682	31 461	21 044	504 386	497 762	6 624	26 085	530 471
1890	275 130	164 228	36 495	23 678	499 531	492 805	6 726	20 284	519 815
1891	221 022	147 143	31 359	24 914	424 438	419 248	5 190	31 535	455 973
1892	292 658	147 374	22 528	5 256	467 816	463 705	4 111	32 210	500 026
1893	288 848	133 988	29 685	7 759	460 280	456 144	4 136	27 740	488 020
1894	331 561	129 642	38 017	7 450	506 670	501 436	5 234	29 118	530 788
1895	282 322	128 897	36 199	6 745	454 164	448 888	5 276	24 322	478 486
1896	338 875	125 818	35 796	6 767	507 256	499 975	7 281	20 587	527 843
1897	358 847	127 051	34 541	7 500	527 939	520 669	7 270	17 260	545 139
1898	371 503	134 359	35 765	7 502	549 129	542 165	6 964	14 139	563 268
1899	345 400	146 321	30 922	8 140	530 783	522 699	8 084	10 658	541 441
1900	392 854	135 859	33 096	9 289	571 098	560 844	10 254	9 542	580 640
1901	363 468	99 215	30 279	5 839	498 801	490 634	8 167	18 090	516 891
1902	406 433	81 466	22 398	2 533	512 830	507 256	5 574	15 016	527 846
1903	494 835	115 859	19 110	2 018	631 822	629 106	2 716	—	631 822*

*) Ohne Hostenbach.

Nachdem 1884 mit 693208 t seit Eröffnung des Saarkanals der höchste Wasserabsatz erreicht war, ist die Versandziffer dauernd gefallen, erlitt 1889 infolge der Einwirkung des neu eröffneten Ostkanals in Frankreich einen bedeutenden Rückgang und erreichte im Jahre 1891 infolge der Aufhebung der Ausfuhr nach Frankreich den Mindestwert von 424 438 t.

Nach wie vor ist der große Kanalhafen bei Malstatt die wichtigste Verladestelle für unsere Erzeugnisse geblieben. Wenn zwar die hohe Umschlagsziffer von 600 000 t, für die er angelegt war, überhaupt noch nicht erreicht wurde, so wird er jetzt schon voll in Anspruch genommen, da der Schiffsabsatz sich nicht mit der Regelmäßigkeit abwickelt, wie es früher der Fall war, und ruhigen Zeiten der Kanalsperre eine lebhafte Verladetätigkeit zu folgen pflegt.

Bei der Privatgrube Hostenbach ist der starke Rückgang des Schiffsabsatzes, welcher noch im Jahre 1884 40 683 t, im Jahre 1900 nur noch 9542 t betragen hat, besonders auffällig.

Tabelle 11 gibt über die Verteilung des Wasserabsatzes auf die einzelnen Wasserwege näheren Aufschluß.

Während bis 1865 die Kohlen fast lediglich nach der unteren Saar versandt wurden, bilden die Verschiffungen dorthin heute nur noch einen geringen Bestandteil des Schiffsabsatzes.

Die Verluste nach Elsaß begannen mit stärkerer Aufnahme der Schiffahrt auf dem französischen Ostkanal 1889 und auf dem Oberrhein nach Lauterburg und Straßburg (1896), die nach Frankreich mit der allmählichen Fertigstellung des Ostkanals.

Der Wasserabsatz nach Elsaß-Lothringen und Frankreich verteilte sich von Malstatt und Louisenthal, wie Tab. 12 zeigt, auf die einzelnen Kanalgebiete.

Der scharfe Rückgang des Absatzes nach Frankreich wurde teils durch die Inbetriebnahme des Ostkanals, teils durch das während des 1889/90 er Ausstandes geltende Ausfuhrverbot veranlaßt.

Die sehr hohen Schwankungen sind außer anderen Gründen vornehmlich auf Störungen im Schiffahrtsbetriebe zurückzuführen, sodaß die Erledigung der Verträge häufig von einem Jahr zum nächsten verschoben werden mußte. Dazu kam, daß nach Einführung der 300 t - Schiffe der Saarkanal und der Rhein-Marne-Kanal, früher auch der Rhein-Rhône-Kanal bis zur Fertigstellung der der erhöhten Wasserverdrängung angepaßten Speiseanlagen bei Gondersingen und im Rhein-Rhône-Kanal wiederholt empfindlich unter Wassermangel litten.

Um ein Bild über die Entwickelung der Rheinschiffahrt oberhalb Mannheim zu geben, sind nachstehende Umschlagsziffern (Tab. 13) in Ruhrkohlen von Lauterburg und Straßburg angeführt.

Die Entwickelung der Einfuhr von belgischen Kohlen nach Elsaß-Lothringen ist der Einfuhr von Saarkohlen in der nachfolgenden Zusammenstellung (Tab. 14) gegenübergestellt.

Im allgemeinen steht die Tatsache fest, daß durch die Eröffnung neuer Schiffahrtswege (Ostkanal-Oberrhein) der Wasserabsatz stets empfindliche

Der Wasserabsatz verteilte sich nach Bestimmungsorten auf die verschiedenen Kanäle und Flüsse folgendermaßen	1880	1884	1885	1886	1887	1888	1889	1890
1. Saarkanal	2 530	2 710	1 973	2 969	2 840	4 009	6 415	7 100
2. Östlicher Teil des Rhein-Marne-Kanal	66 551	82 249	78 901	71 812	74 758	76 910	80 191	91 470
3. Rhein-Rhône-Kanal	167 072	170 820	193 275	215 282	222 881	223 909	188 440	191 950
4. Zweigkanal nach Hüningen	8 991	4 064	6 150	5 980	8 443	9 746	8 276	5 250
5. Westlicher Teil des Rhein-Marne-Kanals	285 896	376 291	323 930	262 135	268 699	234 730	206 567	185 479
6. Französischer Ostkanal	—	43 414	49 236	37 205	34 300	31 008	7 872	8 555
7. Französischer Mittelkanal	—	—	—	—	—	—	—	—
8. Französischer Burgunderkanal	—	—	—	—	—	—	—	—
9. Französischer Haute-Marne-Kanal	—	—	—	—	—	—	—	—
10. Französischer Marne-Saône-Kanal	—	—	—	—	—	—	—	—
11. Saône und Loire	—	—	—	—	—	—	—	—
12. Saar und Mosel	18 032	13 659	12 135	10 209	6 666	6 255	6 624	6 726
13. Französischer Kanal de l'Aisne & Marne	—	—	—	—	—	—	—	—
14. Canal de St.-Quentin	—	—	—	—	—	—	—	—
15. „ de la Somme	—	—	—	—	—	—	—	—
16. „ de Briarre	—	—	—	—	—	—	—	—
17. „ des Ardennes	—	—	—	—	—	—	—	—
18. Seine	—	—	—	—	—	—	—	—
19. Oise	—	—	—	—	—	—	—	—
20. l'Aisne	—	—	—	—	—	—	—	—
21. Fluß Allier	—	—	—	—	—	—	—	—
22. Canal de l'Oise à Aisne	—	—	—	—	—	—	—	—
23. Canal de Ht. Seine	—	—	—	—	—	—	—	—
24. „ du Centre	—	—	—	—	—	—	—	—

Schläge erhalten hat, von denen man sich sehr allmählich unter Aufwendung äußerster Energie und unter finanziellen Opfern erholt hat. Angesichts des geplanten Baues des Moselkanals ist diese Tatsache nicht ohne Bedeutung, es muß da durch geeignete Ausgleichmaßregeln dafür Sorge getragen werden, daß solche Folgen nicht wieder in die Erscheinung treten.

Tabelle 11.

1891	1892	1893	1894	1895	1896	1897	1898	1899	1900	1901	1902	1903
14 851	22 168	11 858	4 467	4 209	3 989	3 917	3 896	3 824	5 717	1 677	2 111	5 608
106 678	70 406	85 967	135 524	103 791	85 975	77 652	84 903	68 579	73 839	66 907	58 603	55 745
199 516	189 803	147 459	143 490	156 938	183 568	190 838	204 531	206 275	224 820	205 525	209 206	237 304
4 849	7 331	8 674	4 216	8 882	10 358	19 094	15 264	18 886	19 445	10 765	9 012	3 973
88 796	166 800	194 391	210 008	167 379	205 032	212 798	219 985	191 131	203 162	177 760	169 066	224 950
4 557	7 195	7 795	3 730	7 747	11 052	16 368	13 584	6 501	7 477	3 021	4 860	11 608
—	—	—	—	—	—	—	—	275	480	265	1 350	1 350
—	—	—	—	—	—	—	—	13 302	10 702	12 540	8 175	12 767
—	—	—	—	—	—	—	—	4 310	6 232	2 515	3 770	9 327
—	—	—	—	—	—	—	—	2 290	1 920	720	1 335	180
—	—	—	—	—	—	—	—	7 325	7 047	8 939	27 693	34 550
5 190	4 110	4 135	5 233	5 276	7 281	7 269	6 964	8 084	10 254	8 168	5 575	2 716
—	—	—	—	—	—	—	—	—	—	—	5 445	11 400
—	—	—	—	—	—	—	—	—	—	—	855	2 453
—	—	—	—	—	—	—	—	—	—	—	525	555
—	—	—	—	—	—	—	—	—	—	—	285	—
—	—	—	—	—	—	—	—	—	—	—	280	—
—	—	—	—	—	—	—	—	—	—	—	4 120	13 855
—	—	—	—	—	—	—	—	—	—	—	285	285
—	—	—	—	—	—	—	—	—	—	—	280	1 365
—	—	—	—	—	—	—	—	—	—	—	—	280
—	—	—	—	—	—	—	—	—	—	—	—	285
—	—	—	—	—	—	—	—	—	—	—	—	280
—	—	—	—	—	—	—	—	—	—	—	—	260

	Malstatt					
	1888	1891	1893	1895	1900	1901
Nach Elsaß-Lothringen:						
Saarkanal	2 360	13 550	9 560	960	2 787	175
Rhein-Marnekanal	17 860	29 280	31 420	38 355	19 545	14 910
Rhein-Rhône-Kanal	148 025	91 495	68 320	90 640	127 021	130 549
Nach Frankreich:						
Rhein-Rhône-Kanal	6 845	5 120	7 602	1 402	52 541	38 927
Saône- u. Loire-Fluß . . .	.	.	.	.	7 047	8 665
Burgunder Kanal	.	.	.	.	10 702	12 540
Mittelkanal	.	.	.	.	480	265
Rhein-Marne-Kanal	164 630	76 480	163 340	138 117	157 620	153 072
Franz. Ostkanal (nördl. Teil)	.	.	.	.	275	.
„ „ (südl. Teil) .	18 680	1 185	2 275	4 492	4 477	1 130
Haute-Marne-Kanal	.	.	.	.	6 232	2 515
Marne-Saône-Kanal	.	.	.	.	1 920	720
Maaskanal	2 185	3 372	2 045	580	.	.
Canal de l'Aisne Marne . .	.	.	.	.	.	.
de l'Aisne- u. Oise-Fluß . .	.	.	.	.	.	.
Seine-Fluß	.	.	.	.	.	.
Canal de la Somme	.	.	.	.	.	.
„ de St. Quentin . . .	.	.	.	.	.	.
„ de Briare	.	.	.	.	.	.
„ des Ardennes . . .	.	.	.	.	.	.
„ de Ht. Seine	.	.	.	.	.	.
Allier-Fluß	.	.	.	.	.	.
Frankreich Summe	192 340	86 157	175 262	151 591	241 294	217 834

*) Canal du Centre.

Bei der großen Wichtigkeit des Wasserabsatzes, welcher den Gruben über die schwierigsten Zeiten des Kohlenabsatzes in den Sommermonaten hinweg hilft und regelnd auf die glatte Unterbringung ihrer Erzeugnisse hinwirkt, ist eine Steigerung der Versandziffern entschieden anzustreben.

Eine wesentliche Besserung und Hebung des Wasserabsatzes ist in der 1895 erfolgten Vertiefung des Kanalbettes und in der Erweiterung der Schleusen zu erblicken, so daß jetzt Schiffe von 285—300 t Ladefähigkeit bis Wehrden ungehindert vordringen können.

Welche Entwickelung des Wasserabsatzes bei günstigen Vorbedingungen möglich ist, zeigt gemäß der Tabelle 15 das Beispiel mehrerer Rheinhäfen

Absatz.

Tabelle 12.

		Louisenthal							
1902	1903	1888	1891	1893	1895	1900	1901	1902	1903
735	4 005	.	.	195	2 988	762	595	450	680
19 955	10 422	52 747	48 954	41 789	50 464	41 747	36 670	27 745	39 062
131 727	160 779	41 634	88 500	62 046	46 363	35 787	28 113	29 275	17 478
42 512	52 592	.	.	.	772	160	555	1 860	1 880
27 693	28 303	.	.	.	.	.	.	.	6 247
8 175	11 500	.	.	.	.	.	.	.	1 267
1 350	1 350	.	.	.	.	.	.	.	.
154 160	186 300	63 701	5 438	21 157	21 040	43 656	22 762	12 979	35 419
815	770	.	.	.	.	.	.	.	.
1 870	4 590	9 814	.	2 020	2 535	805	1 637	2 175	4 190
3 770	3 120	.	.	.	.	.	.	.	5 927
1 335	.	.	.	.	.	.	.	.	180
.	.	.	.	495	.	.	.	.	.
5 445	11 400	.	.	.	.	.	.	.	.
565	1 935	.	.	.	.	.	.	.	.
4 120	13 854	.	.	.	.	.	.	.	.
525	555	.	.	.	.	.	.	.	.
855	2 453	.	.	.	.	.	.	.	.
285	.	.	.	.	.	.	.	.	.
280	.	.	.	.	.	.	.	.	.
.	280	.	.	.	.	.	.	.	.
.	280	.	.	.	.	.	.	.	260*)
253 755	319 282	73 515	5 438	23 672	24 347	44 621	24 954	17 014	55 370

Gustavsburg, Worms, Mainkanal, Mannheim - Ludwigshafen, Lauterburg, Straßburg, Rheinau.

Zu diesen blühenden Rheinhäfen haben sich in letzter Zeit noch Kehl und Karlsruhe hinzugestellt, ja selbst Häfen wie Maxau haben wesentlich höhere Steigerungen aufzuweisen, als dies an der Saar möglich war.

Die Störungen, mit denen die Saarschiffahrt zu kämpfen hat, gehen aus der Figur auf S. 40 hervor, welche für die Schleuse Güdingen die Zeiten angibt, in welchen die Saar für den Schiffsabsatz nicht fahrbar war.

Die Schwierigkeiten der Schiffahrt an sich drücken sich am besten in der Höhe der Schiffsfrachten aus, welche im allgemeinen von den Erleichterungen bezw. Erschwerungen, die die betr. Schiffahrtsstraßen bieten, abhängig sind.

Die Absatzverhältnisse in den letzten 20 Jahren.

Tabelle 13.

An Ruhrkohlen und Koks wurden versandt nach:						
Jahr	Lauterburg	Straßburg	Jahr	Lauterburg	Straßburg
1885	7 715	*) —	1894	29 317	20 730
1886	22 031	—	1895	66 707	82 546
1887	18 582	—	1896	135 521	211 471
1888	33 542	—	1897	107 813	185 082
1889	39 054	—	1898	101 735	181 428
1890	33 547	—	1899	144 986	162 464
1891	43 088	—	1900	194 168	182 781
1892	29 241	5 188	1901	265 807	343 914
1893	25 294	11 377	1902	221 874	265 701

*) Der Rheinhafen zu Straßburg wurde am 11. Juni 1892 dem Verkehr übergeben.

							Es wurden Kohlen auf dem
Jahr	Koblenz	Bingen	Biebrich	Mainz	Gustavsburg	Oppenheim	Germersheim	Worms
1885	15 378	34 942	4 532	40 957	247 636	10 275	12 827	51,114
1890	14 207	39 034	2 907	49 781	237 537	16 349	17 737	71 577
1893	13 415	31 312	3 835	58 834	380 977	17 346	21 474	69 417
1896	20 230	33 555	10 274	80 431	623 934	—	28 629	100 145
1897	20 030	32 293	10 038	65 429	624 452	—	25 740	98 578
1898	18 513	23 245	11 996	72 164	586 630	—	26 360	105 055
1899	18 237	19 268	18 517	78 321	625 238	—	27 981	107 504
1900	15 904	24 387	19 098	70 789	829 272	—	37 763	125 234
1901	6 505	20 298	24 957	66 412	849 086	—	36 386	119 029
1902	6 125	18 030	21 999	63 858	686 391	—	37 469	103 065

Während die Seefracht für 1 tkm 0,16—0,40 Pf.,
Flußfracht „ 0,55—1,00 „

beträgt und für den

Moselkanal zu Berg „ 0,79 Pf.,
„ „ Tal „ 0,35 „ ,
den Mittellandkanal „ 0,70 „
und die Eisenbahn „ 1,62—2,2 Pf.

anzunehmen sind, betrug die Fracht auf dem Saarkanal im Jahre 1900

für Paris (als die günstigste, weil längste Entfernung) 0,90 Pf. für 1 tkm,
für Mülhausen (als den wichtigsten Punkt) . . . 1,17 „ „ ,

Tabelle 14.

Jahr	Belgien	Saar	Jahr	Belgien	Saar
1884	736	—	1893	101 458	254 270
1885	236	—	1894	110 414	280 024
1886	2 036	298 884	1895	105 814	269 877
1887	37 708	310 644	1896	114 605	272 678
1888	36 331	317 001	1897	152 022	270 832
1889	71 772	291 023	1898	138 000	279 636
1890	82 477	282 132	1899	144 059	256 445
1891	108 004	305 740	1900	158 306	275 000
1892	66 220	286 691	1901	115 412	255 206
			1902	125 828	240 591

Tabelle 15.

Wasserwege geliefert nach:

Mannheim-Ludwigshafen	Speyer	Leopolds-hafen	Maxau	Lauterburg	Straßburg	Rheinau	Mainkanal (durch Schleuse Kostheim)
729 689	1 670	10 640	22 987	7 715	—	—	—
1 378 604	5 638	20 158	53 475	33 547	—	—	368 160
1 649 696	12 147	16 541	43 896	34 681	—	—	384 000
2 008 505	10 855	15 418	90 769	129 424	209 176	—	764 063
1 829 374	7 760	13 269	83 058	106 790	184 837	12 109	653 845
2 051 811	7 376	7 835	92 636	97 868	176 338	78 070	768 732
2 265 050	9 413	11 368	88 087	144 071	161 061	281 224	782 092
2 901 195	10 829	9 979	99 772	191 158	179 630	399 622	943 082
2 680 106	9 102	8 438	45 704	265 807	343 914	482 158	860 773
1 931 624	10 081	1 655	—	221 874	265 701	639 709	837 646

für Nancy . . . . 1,53 Pf. für 1 tkm,
für Straßburg . . . . 1,43 „ „

Eine Verminderung der Frachtsätze wurde durch Einführung eines größeren Schiffsbezuges angestrebt.

Bis zum Jahre 1895 hatte der reichsländische Kanal einen Wasserstand von 1,60 m bei 1,40 m Einsenkung, und die Tragfähigkeit der dort verkehrenden Schiffe betrug nur 170—200 t.

Im Jahre 1895 wurde durch Bildung höherer Kanaldämme und durch Stauung des Wassers eine Fahrtiefe von 2 m erreicht, so daß nunmehr bei 1,80 m Einsenkung Schiffe von 240—300 t Tragfähigkeit verkehren konnten. Hierdurch wurde die Fahrtiefe der elsaß-lothringischen Kanäle mit derjenigen der Nachbarländer (Belgien und Frankreich) in Übereinstimmung gebracht. Die preußische Regierung schloß sich dem Vorgehen der elsaß-lothringischen an und vertiefte die 8 km lange Strecke der kanalisierten Saar von der Grenze bis Saarbrücken derart, daß bei Niederwasser immer noch eine Fahrtiefe von 2 m vorhanden ist, die Schleuse bei Güdingen wurde von 34,5 auf 38,5 m Länge umgebaut.

Durch diese Verbesserungen wurde die Tragfähigkeit der Schiffe um rd. 34 v. H. erhöht, und zwar durch die Verlängerung der Schleusen um 15 v. H., durch die Vertiefung der nutzbaren Fahrrinne um 19 v. H.

Demgegenüber rechnete man mit einer Verbilligung der Frachten von 29,6 v. H., wobei allerdings eine Beschränkung in der Benutzung des Kanals ausgeschlossen wurde. Nach den im Laufe der Jahre angestellten Ermittelungen wird diese Beförderung der Schiffahrt 10 v. H. nicht überschreiten, so daß immer noch mit einer Verbilligung der Frachten von 29,6 − 2,96 = 26,6 v. H. zu rechnen wäre.

Es ist nun interessant zu beobachten, daß diese Annahmen im allgemeinen zutreffend gewesen sind. Aus der graphischen Darstellung der Frachten (Tafel 3) ist ersichtlich, daß mit Ausnahme des Jahres 1892, in welchem die Frachten sehr niedrig waren, in den ersten Jahren nach der Durchführung der Verbesserungen, also seit 1896, der Durchschnittsfrachtsatz z. B. nach Mülhausen von 4 M. auf 3 M., nach Dombasle von 2 M. auf 1,6 M., nach Paris von rd. 7 M. auf 4,60 M., also um rund 25 v. H. gefallen, seitdem aber stark zum Nachteile der Versender gestiegen ist.

Die Deckung des durch die Vertiefung hervorgerufenen Mehrverbrauchs von Speisungswasser wurde dadurch ermöglicht, daß alle verfügbaren Wassermengen der Saar, soweit sie nicht zur Füllung der Speisewasserbehälter bei Rixingen und Mittersheim verwendet werden, mittels eines elektrisch betriebenen Pumpwerks dem großen Weiher bei Gondersingen, welcher an dem Ausfluß des Saarkanals aus dem Rhein-Marnekanal gelegen für beide Kanäle als Sammelbehälter dient, zugeführt werden. Trotz dieser großen Wasservorräte ist nach Ansicht der reichsländischen Regierung immer noch zu befürchten, daß durchschnittlich alle 10 Jahre einmal Mangel an Speisungswasser eintritt, namentlich, wenn zwei trockene Jahre aufeinander folgen.

Zur Verzinsung und Tilgung der durch die Vertiefungsarbeiten entstandenen Kosten von rd. 7 Millionen Mark wurden seinerzeit Schiffahrtsabgaben erhoben, welche später in Fortfall kamen. Für die Reichslande betrug diese Abgabe für je 5 km = 0,01 M. für 1 t, d. h. 0,2 Pf. für je 1 tkm, auf der preußischen Strecke von Malstatt bis Saargemünd wurden diese die Schiffahrt stark belastenden Abgaben erst vom 1. Januar 1898 erhoben und betrugen für 1 tkm 0,2 Pf. daher bis Saargemünd

        ab Wehrden . . . . 7 Pf.
        (davon 4 Pf. für den preußischen Teil)
        ab Louisenthal . . . . 6 Pf.
        (davon 3 Pf. für den preußischen Teil)
        ab Malstatt . . . . 5 Pf.
        (davon 2 Pf. für den preußischen Teil).

Im Gegensatz zu den belgischen und Ruhrkohlen haben die Saarkohlen durch die Schiffahrtsabgaben eine erhebliche Mehrbelastung erfahren, was namentlich für die kurzen Strecken ungünstig einwirken mußte.

Es stellten sich nämlich diese Abgaben in Pfennigen folgendermaßen:

Tabelle 16.

ab	Lagarde Pf.	Straßburg Pf.	Mülhausen Pf.	Hüningen Pf.
Saarkohlen ab Saargemünd ...	17	31	51	51
Belgische Kohlen über Lagarde ..	.	22	42	.
Ruhrkohlen ab Straßburg	.	.	21	.

Nachstehende Tabelle 17 zeigt den Einfluß der Entfernung auf die Höhe der Frachtsätze in den Jahren 1893 bis 1903, wobei ganz besonders das Anziehen der Frachten in den Jahren 1898/99 unter dem Einfluß der Kanalabgaben auffällt.

Tabelle 17.

ab Malstatt	Entfernung	1893	1894	1895	1896	1897	1898	1899	1900	1901	1902	1903
Fracht für 1 t in Mark												
Dombasle	134	2,36	1,92	1,95	1,43	1,51	1,95	2,00	2,05	1,90	1,66	1,85
Straßburg	173	2,55	2,35	2,67	1,90	2,20	2,35	2,55	2,40	2,30	2,20	2,10
Mülhausen	274	3,35	3,15	3,67	2,80	3,00	3,15	3,35	3,20	3,10	3,—	3,—
Paris	592	6,65	6,64	6,70	5,11	4,73	4,70	4,80	5,30	5,10	4,95	4,90
Fracht für 1 tkm in Pfg.												
Dombasle	134	1,76	1,43	1,45	1,07	1,13	1,46	1,49	1,53	1,42	1,24	1,38
Straßburg ...	173	1,47	1,36	1,54	1,10	1,27	1,36	1,47	1,39	1,33	1,27	1,21
Mülhausen	274	1,23	1,15	1,34	1,02	1,09	1,15	1,22	1,17	1,13	1,09	1,09
Paris	592	1,12	1,12	1,13	0,86	0,80	0,79	0,81	0,90	0,86	0,84	0,83

Welchen Schwankungen der Frachtenmarkt seit Eröffnung des Saarkohlenkanals überhaupt unterworfen war, veranschaulicht die Zusammenstellung der Frachten für den Hauptempfangsplatz Mülhausen in Tabelle 18.

Aus diesen Übersichten ergibt sich zur Genüge, daß die Kanalabgaben in erster Reihe von dem Empfänger und Versender getragen werden, da eine weitere Belastung der Schiffer, deren Verdienst 1896/97 schon äußerst niedrig war, kaum noch möglich war.

Absatz.

Tabelle 18.

Frachten nach Mülhausen i. E. (Ab Hafen Malstatt).

	im Jahre	durchschnittlich	bei einem Schwanken zwischen		
	1866	6,40 M. für 1 t	5,05	und	7,20 M.
	1867	5,60 „ „	4,60	„	6,40 „
	1868	4,80 „ „	4,00	„	6,00 „
	1869	4,40 „ „	3,90	„	5,60 „
in der 1. Hälfte	1870	4,60 „ „	4,20	„	4,80 „
in der 2. Hälfte	1870	13,40 „ „	12,80	„	13,70 „
	1871	9,80 „ „	6,20	„	16,00 „
	1872	6,20 „ „	4,40	„	9,80 „
	1873	5,60 „ „	4,80	„	6,60 „
	1874	4,20 „ „	3,00	„	5,45 „
	1875	4,00 „ „	3,20	„	4,60 „
	1876	4,60 „ „	4,00	„	5,20 „
	1877	3,80 „ „	3,20	„	4,80 „
	1878	3,60 „ „	3,00	„	4,20 „
	1879	4,00 „ „	3,60	„	4,80 „
	1880	4,00 „ „	3,20	„	5,40 „
	1881	4,00 „ „	3,00	„	4,80 „
	1882	3,30 „ „	3,00	„	4,00 „
	1883	4,15 „ „	3.20	„	4,80 „
	1884	2,82 „ „	2,40	„	3,30 „
	1885	2,82 „ „	2,60	„	3,20 „
	1886	3,13 „ „	2,60	„	3.40 „
	1887	3,03 „ „	2,68	„	3,40 „
	1888	3,60 „ „	3,00	„	4,80 „
	1889	3,58 „ „	3,20	„	4,20 „
	1890	3,24 „ „	2,80	„	4,00 „
	1891	3,40 „ „	2,92	„	4,20 „
	1892	2,83 „ „	2,40	„	3,20 „
	1893	3,35 „ „	2,88	„	4,00 „
	1894	3,15 „ „	2,60	„	3,60 „
	1895	3,67*) „ „	3,00	„	4,20 „
	1896	2,80 „ „	2,36	„	3,40 „
	1897	3,00 „ „	2,60	„	3,60 „
	1898	3,15 „ „	2,92	„	3,40 „
	1899	3,35 „ „	2,80	„	4,00 „
	1900	3,20 „ „	3,00	„	3,40 „
	1901	3,10 „ „	2,60	„	3,40 „
	1902	3,— „ „	2,60	„	3,20 „
	1903	3,— „ „	2,80	„	3,20 „

*) 1895 begann die Schiffahrt mit den 300 t Schiffen.

Für Belgien kommen folgende Sätze in Betracht.

Tabelle 19.

ab Charleroi	Entfernung	1893	1894	1895	1896	1897	1898	1899	1900	1901	1902	1903
Frachten für 1 t in Mark:												
Paris	382	—	—	6,80	6,50	6,20	6,80	6,85	6,65	6,65	6,35	6,35
Dombasle . . .	450	—	—	5,60	5,35	5,45	5,50	5,70	5,90	5,30	5,05	4,90
Straßburg . . .	575	7,00	7,20	7,00	5,90	6,00	6,30	6,80	6,90	5,90	5,70	5,40
Mülhausen . . .	676	7,80	8,00	7,80	6,90	7,00	7,30	7,80	7,90	6,90	6,70	6,30
Fracht für 1 t km in Pfennig:												
Paris	382	—	—	1,78	1,70	1,62	1,78	1,79	1,74	1,74	1,66	1,66
Dombasle . . .	450	—	—	1,24	1,19	1,21	1,22	1,27	1,31	1,18	1,12	1,09
Straßburg . . .	575	1,22	1,25	1,22	1,03	1,05	1,10	1,18	1,20	1,03	0,99	0,94
Mülhausen . . .	676	1,15	1,18	1,15	1,03	1,04	1,08	1,15	1,17	1,02	0,99	0,93

Für die belgische Einfuhr war noch sehr wichtig, daß das Umladen aus den großen Schiffen von 38,5 m Länge und 1,8 m Tiefgang in die kleineren Schiffe von 34,5 m Länge und 1,4 m Tiefgang wegfiel, wodurch die Spesen um 40 Pfg. für 1 t sanken, sodaß also von der Vertiefung des Kanals Belgien erhebliche Vorteile gezogen hat.

Während die Wasserabsatzziffern der Saarkohlen im Jahre 1897, wo die Folgen der laufenden Abschlüsse und der allmählich vorgenommenen Verlängerung der Schiffe recht in die Erscheinung treten konnten, gegen 1895 sich höchstens um 5 v. H. steigerten, stieg die Einfuhr der belgischen Kohlen um 50 v. H.

Vergleicht man die Schiffsfrachten mit den Eisenbahnfrachten, so ergibt sich folgendes Bild:

Tabelle 20.

Von Malstatt nach:	Eisenbahnfracht	Wasserfracht	Wasserfracht ist billiger um:
	M.	M.	M.
Saaralben	1,50	0,90	0,60
Straßburg	3,30	2,30	1,00
Mülhausen	5,70	3,10	2,60
Dombasle (Varangeville-St. Nicolas .	4,66	2,00	2,66
Paris	10,42	5,30	5,12

Rechnet man nun für Hafenfracht und Einladegebühr noch rd. 1 M. und berücksichtigt man den Wert- und Zinsverlust, so ist ohne weiteres klar, daß sich für Saaralben der Schiffsabsatz nur lohnt, wenn die Grube unmittelbar am Wasser liegt, und wenn sich außerdem infolge der Wahl der Sorten Wert- und Zinsverlust aufs äußerste vermindern, oder aber der Empfänger sehr günstig zum Kanalbezug, ungünstig für die Eisenbahn liegt.

Bei Straßburg ist das Verhältnis schon günstiger, wirksam tritt aber der Vorteil der Schiffsverfrachtung erst bei Dombasle, Mülhausen und namentlich Paris hervor.

Wenn sich in Straßburg nicht durch die frühere Entwickelung der Eisenbahnfrachten eine große Anzahl industrieller Anlagen in der Nähe des Kanals niedergelassen hätte, die von dem Bahnhof aus noch eine besondere Anschlußfracht zu zahlen haben, so würden die Bezüge für Straßburg zu Schiff noch geringer sein.

Ausschlaggebend für das Überwiegen des Bahnbezuges in Straßburg ist wohl der Bau der Eisenbahnlinie Saargemünd-Mommenheim gewesen, die für Straßburg und Umgebung eine Kürzung des vorher bestehenden Schienenweges um 24 km und eine Tarifermäßigung von 24×2,2 Pfg. = 0,53 M. für die Tonne mit sich brachte. Dieser Verbilligung der Eisenbahnfracht stand eine Frachtermäßigung durch die Kanalvertiefung von nur 0,34 M. gegenüber. Durch die Einführung des Rohstofftarifs ist dann eine weitere Frachtermäßigung von 50 Pfg. eingetreten, sodaß die Eisenbahnfracht heute nur noch 3,30 M. beträgt, was der Schiffsfracht von 2,30 M. gegenüber nur noch einen Nachteil von 1,00 M. bedeutet. Bei einem Unterschied von 1,00 M. für die Tonne ziehen die Verbraucher aber fast durchweg den Eisenbahnversand vor.

Schon bei 1,90 M. Unterschied, der im Jahre 1890/91 bestand, bezog man mit der Bahn rund 90000 t, auf dem Kanal 80000 t, heute bei dem Unterschied von nur 0,80 M. bis 1,00 M, ist das Verhältnis entsprechend ungünstiger.

Die Hauptform der Kanalschiffe ist das kastenförmige Kanalschiff, welches bei 38,5 m Länge,

     5,00 m Breite und

     2,00 m Tiefe einen Laderaum von 270—300 t hat und

in Holz 9000—9600 M.,
in Eisen 13000—14400 M.

kostet, je nachdem es in Deutschland oder Belgien erbaut ist. Die belgischen Schiffe sind reicher ausgestattet und besser montiert.

Die Hauptbeförderungsart ist der Pferdezug, über dessen Fahrdauer und Kosten die reichsländische Wasserbauverwaltung folgende Angaben gemacht hat (Tab. 21).

Übersicht über die Fahrdauer und die Kosten des Schiffszuges mittels Pferden.

Ermittelung der erforderlichen Reisezeit bei Annahme einer täglichen Netto-Reisezeit von 12 Stunden.

Tabelle 21.

	Reiseweg km	Schleusen Anzahl	Erfahrungsgemäße Reisezeit		
			Schleusungen Tage	Fahrzeit und Aufenthalt[4]) Tage	Gesamt-Reisezeit Tage
			mit 290 t Ladung		
Saarbrücken— Straßburg...	174	82	$1^{1}/_{4}$[1])	$8^{3}/_{4}$—$10^{3}/_{4}$	10—12[3])
Straßburg— Mülhausen..	100	45	$^{3}/_{4}$[1])	$5^{1}/_{4}$—$6^{1}/_{4}$	6— 7[3])
Saarbrücken— Mülhausen..	274	127	2	14 —17	16—19[3])
			ohne Ladung		
Mülhausen— Straßburg...	100	45	$^{3}/_{4}$[1])	$2^{1}/_{4}$—$3^{1}/_{4}$	3— 4[3])
Straßburg— Saarbrücken..	174	82	$1^{1}/_{4}$[1])	$4^{3}/_{4}$—$6^{3}/_{4}$	6— 8[3])
Mülhausen— Saarbrücken..	274	127	2	7—10	9—12[3])

Gesamt-Reisezeit Saarbrücken—Mülhausen und zurück . 25—31 Tage
Hierzu tritt noch eine Wartezeit[5]) von durchschnittlich ... 12 „
Durchschnittliche Dauer der Reisezeit im Jahr ..... 290 „
Zahl der Reisen von Saarbrücken bis Mülhausen im Jahr . 6—7 „

Kosten des Schiffszuges.

2 Zugpferde mit Führer kosten täglich .... 15—16 M.
Zugkosten für 1 km und Schiff $\begin{cases} \text{beladen} \ldots \ldots \ldots 1{,}00 \text{ „} \\ \text{leer} \ldots \ldots \ldots 0{,}40\text{—}0{,}60 \text{ „} \end{cases}$

---

[1]) Die Schleusungszeit ohne Ein- und Ausfahrt ist zu 10 Minuten angenommen.

[2]) Die Fahrgeschwindigkeit beträgt erfahrungsgemäß 1,6—2 km in der Stunde bei voller Ladung, hingegen 3—4 km in der Stunde bei unbefrachtetem Schiffe.

[3]) Die Zahlen geben die gewöhnlich kürzeste und längste Reisezeit an. Es ergibt sich hieraus, daß die Zahl der Reisen im Jahre schwankt.

[4]) Unter „Aufenthalte" ist der Verlust der Fahrzeit verstanden infolge Wartens an den Schleusen bei der Durchfahrt durch Brücken und Tunnel, Kreuzung mit anderen Fahrzeugen usw.

[5]) Diese Wartezeit setzt sich wie folgt zusammen:
    a) Warten auf Ladung und Laden in Saarbrücken 3 + 1 ..... 4 Tage,
    b) Warten auf Entladen und Entladen in Mülhausen 3 + 2 .... 5 „
    c) Warten auf Auftrag .... 3 „
                                      zusammen .. 12 Tage.

Die Zugkosten für eine Doppelreise Saarbrücken—Mülhausen und zurück berechnen sich wie folgt:

Zugkosten für das beladene Schiff (Hinreise) 274 × 1,00 = ... 274 M.
Vorspann- und Lotsenkosten für die Fahrt auf der kanalisierten Saar 26 „
Zugkosten für das leere Schiff (Rückreise) 274 × 0,50 = ... 137 „

Gesamtkosten der Doppelreise . . . . 437 M.

oder für 1 t $\frac{437}{290}$ = ... 1,51 „

Um die Beförderung zu verbilligen, sind bei der Saarkohlenverschiffung Versuche mit Motorbooten gemacht worden und zwar begann man damit, in ein altes Boot einen stehenden Daimlerschen Benzinmotor mit so gutem Ergebnis einzubauen, daß zwei neue Schiffe mit je zwei Schrauben in Auftrag gegeben wurden, deren Betriebserfahrung dazu führte, zwei Schiffe mit je drei Schrauben, zwei zur Bewegung des beladenen Schiffes, einer dritten für die des leeren Schiffes, mit Otto-Motoren zu bauen. Der liegende Otto-Motor kann im Gegensatz zum Daimlerschen Motor, der sich nicht sehr bewährt hat, mit Benzin, Benzol oder Petroleum betrieben werden, macht also das Schiff vom bestehenden Benzin-Syndikate unabhängiger.

Wie alle Neuerungen, so hat auch der Motorbetrieb bei den sehr am alten hängenden Schiffern im allgemeinen wenig Anklang gefunden. Der Neuerung wurde wenig Zutrauen entgegengebracht, sie wurde mit den kleinlichsten Mitteln und durch allerlei Winkelzüge bekämpft.

Die Versuche bezüglich Schiffsform, Motorart, Schraubenzahl und Anordnung sind noch nicht abgeschlossen. Trotzdem lassen die neueren Ergebnisse erkennen, daß die Motorschiffahrt sich allmählich Bahn brechen wird, zumal das mit einem Einzelmotor ausgerüstete Schiff, das ungehindert alle Wasserstraßen befahren kann, lebensfähiger ist als z. B. der elektrische Schiffszug, welcher im Jahre 1900 für den Saarkanal in Betracht gezogen wurde, indessen nicht zur Ausführung kam, da selbst bei der am meisten befahrenen Strecke Malstatt-Saargemünd kaum ein lohnender Betrieb zu erwarten war (vergl. Tabelle 22).

Die früheren Versuche der Dampfschlepperei hatten keinen Erfolg, da sie schon am Wassermangel scheiterten, falls der Schlepper eine besondere Schleusung für sich erforderte. Die Leistungen eines Kanalschiffes betragen im Durchschnitt

A. Bei Pferdezug
 a) auf dem Kanal leer 20—26—30 km,
   beladen 12—15—20 km,
 b) auf freiem Fluß
 1. flußauf leer 35—40 km, bei Hochwasser 15—20 km,
   beladen 20—25 km,
 2. flußab leer 45—50—60 km, bei Hochwasser 60—65 km,
   beladen 30—35—40 km, bei Hochwasser 40—50 km.

Übersicht über die Fahrdauer und Berechnung des Frachtgewinnes bei elektrischem Betriebe.

Ermittelung der erforderlichen Reisezeit bei Annahme einer Fahrgeschwindigkeit von 3 km für beladene und 6 km für leere Schiffe in der Stunde.

Tabelle 22.

	Reiseweg km	Schleusen Anzahl	Reisezeit		
			Schleusungen Tage	Fahrzeit und Aufenthalte[3]) Tage	Gesamt-Reisezeit Tage
mit 290 t Ladung					
Saarbrücken— Straßburg ..	174	82	$4^{1}/_{4}$[1])	$6 — 7^{1}/_{4}$[2])	$7^{1}/_{4}— 8^{1}/_{2}$
Straßburg— Mülhausen ..	100	45	$^{3}/_{4}$[1])	$3^{1}/_{2}—4^{1}/_{4}$	$4^{1}/_{4}— 5$
Saarbrücken— Mülhausen ...	274	127	2	$9^{1}/_{2}—11^{1}/_{2}$	$11^{1}/_{2}—13^{1}/_{2}$
ohne Ladung					
Mülhausen— Straßburg ...	100	45	$^{3}/_{4}$[1])	$1^{1}/_{2}—2^{1}/_{4}$[2])	$2^{1}/_{4}—3$
Straßburg— Saarbrücken ..	174	82	$1^{1}/_{4}$[1])	$3^{1}/_{4}—4^{1}/_{2}$[2])	$4^{1}/_{2}—5^{3}/_{4}$
Mülhausen— Saarbrücken ..	274	127	2	$4^{3}/_{4}—6^{3}/_{4}$	$6^{3}/_{4}—8^{3}/_{4}$

Gesamtreisezeit Saarbrücken—Mülhausen und zurück $18^{1}/_{4}$—$22^{1}/_{4}$ Tage.
Hierzu tritt noch eine Wartezeit[4]) von durchschnittlich .. 12 „
Durchschnittliche Dauer der Schiffahrtszeit .... 290 „
Zahl der Reisen von Saarbrücken bis Mülhausen und zurück 8—9

---

[1]) Die Schleusungszeit ohne Ein- und Ausfahrt ist zu 10 Minuten angenommen.

[2]) Der Zeitaufwand für Fahrt und Aufenthalte ist aus dem gegenwärtigen Zeitaufwande in der Weise ermittelt, daß der letztere im Verhältnisse der Fahrgeschwindigkeit beim Pferdezug und elektrischem Schiffszug, d. i. im Verhältnisse von 2:3 bezw. 4:6, vermindert worden ist.

[3]) Unter „Aufenthalte" ist der Verlust an Fahrzeit verstanden infolge Wartens an den Schleusen beim Durchfahren der Brücken und Tunnel, Kreuzung mit anderen Fahrzeugen usw.

[4]) Diese Wartezeit setzt sich wie folgt zusammen:
    a) Warten auf Ladung und Laden in Saarbrücken 3+1 ..... 4 Tage,
    b) Warten auf Entladen und Entladen in Mülhausen 3+2 .... 5 „
    c) Warten auf Auftrag .... 3 „
                                             zusammen . . 12 Tage.

Berechnung des Frachtgewinnes, wenn die Zugkosten beim Pferdezuge und elektrischen Schiffszuge gleich sind.

Die Fracht von Saarbrücken bis Mülhausen betrug in den letzten Jahren
durchschnittlich für 1 t . . . . 3,10 M.
Davon geht ab die Kanalabgabe mit . . . . 0,55 „
Die Zugkosten für Hin- und Rückfahrt betrugen $\frac{437}{290}$ (s. Tab. 21) . . . 1,51 „
Kosten des Schiffsraumes bei jährlich 6—7 Reisen für 1 t . . . . . . 1,04 M.
Daher: Kosten des Schiffsraumes bei jährlich 8—9 Reisen $\frac{1,04 \times 6,5}{8,5} =$ 0,80 „
Zugkosten wie oben . . . . 1,51 „
Kanalabgabe wie oben. . . . . 0,55 „
Künftige Gesamtfracht . . . . 2,86 M.
Daher Frachtersparnis = 0,24 M. = 8 v. H. der jetzigen Frachtkosten.

B. Mit Motor.

a) auf dem Kanal leer 30—35—40 km,
   beladen 20—25 km,

b) auf dem Fluß

   flußauf leer   45—55 km,
   „   beladen 30—35—40 km,
   flußab leer   60—70 km,
   „   beladen 40—50 km.

Ein Schiff braucht daher durchschnittlich für die Reise von

	leer	beladen
Malstatt nach Straßburg	7—8	11—12 Tage,
Mülhausen	10—11	13, 14—18 „
Dijon	14—17	22—26 „
Paris	14—18	24—28 „
Charleroi nach Straßburg	14—16	27—32 „
Mülhausen	15—20	30—36 „
Dijon	\{ hängt vom Wasserstande	
Paris	der Saône und Marne ab.	

Ein Motorboot braucht durchschnittlich für die Reise von

Malstatt nach Straßburg . . . . . . 5—10 Tage,
         Mülhausen . . . . . 12 „
         Dijon . . . . 18 „
         Paris . . . . 24 „

Zusammenstellung der

Laufende Nummer	Bezeichnung der Betriebsart	1. Geschwindigkeit km-St.	2. Wirkungsgrad v. H.	3. Anlagekosten für 50 km-Strecke M.	4. Anlagekosten für 1 km M.	5. Betriebskosten bei Dampfkraft im ganzen M.	6. Betriebskosten bei Dampfkraft für 1 tkm Pf.	7. bei Wasserkraft für 1 tkm Pf.	8. Gewinn v. H.
1a	Pferdezug ohne Leinpfadkosten	1,8		90 000	—	166 200	0,333	—	—
1b	Pferdezug mit Leinpfadkosten			390 000	—	187 700	0,376	—	—
2	Motorschraubenschiff	2,16	40	210 000	4 200	104 412	0,209	—	39,7
3a	Motorwagen ohne Leinpfadkosten	2,16	74	456 200	9 124	135 000	0,270	—	6,8
3b	Motorwagen mit Leinpfadkosten	2,16		756 200	15 124	156 500	0,313	—	4,1
4	Wandertau	2,16	64,80	602 000	12 040	185 000	0,370	0,345	0,45
5a	Elektr. Wagen ohne Leinpfadkosten	2,16	39	825 000	16 500	187 000	0,374	0,335	2,5
5b	Elektr. Wagen mit Leinpfadkosten	2,16		1 125 000	22 500	208 500	0,417	0,378	— 1,9
6	Schraube mit Steuer (Galliot)	2,16	30	918 000	18 360	172 000	0,344	0,291	+ 1,7
7	Kettenbetrieb (nach de Bovet)	2,16	39	883 000	17 660	191 200	0,383	0,343	— 0,4

*) Entnommen dem Material der Wasserbauverwaltung.

Charleroi nach Straßburg . . . . . 26—30 Tage,
     Mülhausen . . . . . 30—34 „
      Dijon . . . . 32 „
      Paris . . . . 17 „

Bei der Bedeutung, die die Frachtbildung auf den Saarkohlenabsatz hat und angesichts der Tatsache, daß der teuere Pferdezug die Entwickelung des Kanalabsatzes hemmt, dürfte es von Interesse sein, aus der Zusammenstellung Tabelle 23 die verschiedenen Arten der Beförderungsmöglichkeiten auf Kanälen, sowie die maßgebenden Umstände zu ersehen.

c) Landabsatz.

Der Landabsatz, der früher die Grundlage des Saarkohlenabsatzes bildete und 1860 noch 42,8 v. H. des Gesamtabsatzes betrug, ist durch gefundenen Werte.*)

Tabelle 23.

9.	10.	11.	12.	13.	14.	15.	16.	17.	18.	19.	20.
Bei 2 Millionen t Fracht						Bei 3 Millionen t Fracht					
Anlagekosten für		Betriebskosten			Gewinn	Anlagekosten für		Betriebskosten			Gewinn
50 km-Strecke	1 km	bei Dampfkraft		bei Wasserkraft für 1 tkm		50 km-Strecke	1 km	bei Dampfkraft		bei Wasserkraft für 1 tkm	
		im ganzen	für 1 tkm					im ganzen	für 1 tkm		
M.	M.	M.	Pf.	Pf.	v. H.	M.	M.	M.	Pf.	Pf.	v. H.
180 000	—	332 400	0,333	—	—	270 000	—	498 600	0,333	—	—
480 000	—	353 900	0,355	—	—	570 000	—	520 100	0,347	—	—
420 000	8 400	208 824	0,209	—	34,5	630 000	12 600	313 236	0,209	—	32,8
808 400	16 168	245 000	0,245	—	10,8	1 160 600	28 212	352 000	0,235	—	12,7
1 108 400	22 168	266 500	0,267	—	7,9	1 460 600	29 212	373 500	0,249	—	10,0
765 000	15 300	216 000	0,246	0,224	14,1	972 000	19 440	315 000	0,210	0,189	21,1
1 356 000	27 120	304 000	0,304	0,265	2,1	1 891 000	37 820	421 600	0,281	0,242	4,1
1 656 000	33 120	325 500	0,326	0,287	1,7	2 191 000	43 820	443 100	0,295	0,256	3,4
1 566 000	31 320	274 000	0,274	0,221	5,1	2 236 000	44 720	379 000	0,253	0,199	6,3
1 314 000	26 280	294 000	0,294	0,255	4,6	1 750 000	35 000	396 000	0,264	0,225	7,1

den Eisenbahn- und Wasserversand mehr und mehr zurückgedrängt worden, sodaß er 1870 nur noch 30 v. H. des Gesamtabsatzes ausmachte, 1900 mit nur mehr 18,9 v. H. am Gesamtabsatz teilnahm.

Die immerhin ansehnliche Höhe des Landabsatzes erklärt sich durch die bedeutende Zahl der industriellen Anlagen, welche in der Nähe der Gruben gelegen, den Kohlenbedarf durch Wagenabfuhr oder mittels mechanischer Einrichtungen (Drahtseilbahn, Schmalspurbahn) decken. In erster Reihe kommen hierbei die Kokereien, wie z. B. die Wendelsche in Hirschbach bei Dudweiler, die Kokereien in Heinitz, Dechen und Altenwald und eine Anzahl anderer mittels Seilbahn angeschlossener Koksanlagen in Betracht.

Der Kokereibetrieb an der Saar ist zum größten Teil in den Händen der großen Eisenhütten, verhältnismäßig kleinere Mengen Kokskohlen werden in sog. Handelskokereien verarbeitet, von denen die staatlichen auf Grube Heinitz vornehmlich für die Eisenindustrie, die Kokerei auf Grube Dechen vorwiegend für den Handel arbeiten.

Tabelle 6 und 7 (S. 24 u. 25) zeigen, welche Kohlenmengen an die gesamten Kokereien jährlich abgegeben wurden, und welche Werke an der Kokserzeugung überhaupt beteiligt waren.

In den Jahren 1884—1893 blieb sich die Kokserzeugung nahezu gleich und erst nach energischem Aufschluß der Fischbachgruben ab 1896 erfolgte eine wesentliche Steigerung und zwar zugunsten der Saarhütten, die durch den Bau von Nebengewinnungsöfen den Kokereibetrieb zu einem recht erspießlichen Nebenbetriebe ausbilden konnten.

Durch Verbesserung der Wäschen, Einführung des Stampfverfahrens ist es gelungen, die Güte des Saarkoks mehr und mehr zu heben, sodaß der Unterschied zwischen Saar- und Ruhrkoks immer geringer geworden ist.

Die Verteilung des Koksabsatzes geht aus der Tabelle 8 (S. 26) hervor, desgleichen aus der graphischen Darstellung in Fig. 2 Tafel 2.

Hiernach wurde der Saarkoks 1900 zu 80 v. H. in Preußen, d. h. in den Saarhütten, gegen 43,4 v. H. in 1884 verbraucht, dagegen ist im lothringischen Minettebezirk der Prozentsatz ständig dem Ruhrkoks gegenüber zurückgegangen. Im Auslande ist dasselbe noch mehr der Fall, weil dort zugunsten der Saarhütten nur mit wenigen Kunden Fühlung gehalten wurde.

Ohne die Kokskohlenmenge betrug der eigentliche Landabsatz 1900 nur rd. 5 v. H. des Gesamt-Absatzes und umfaßte neben dem Hausbrandbedarfe der umliegenden Ortschaften nur noch die Lieferungen an einzelne Ziegeleien und Fabriken.

Die Wagenabfuhr nach der Eisenbahn ist auf ein ganz geringes Maß herabgesunken und vollzieht sich unter Leitung des Handelsbureaus der Bergwerksdirektion.

Das Anwachsen des Landabsatzes in den Jahren 1889—1891 und 1899—1900 ist auf das Eingreifen des in Zeiten geschäftlicher Hochflut seit den 60er Jahren stets zeitweise auftretenden Anfuhrgeschäfts zurückzuführen, welches bei der herrschenden Kohlennot aus der Anfuhr von Landhaldenkohlen nach der Eisenbahn Vorteil schlug und zum Schaden des vertragsmäßig abgeschlossenen Eisenbahnabsatzes die Kreise des ehrlichen Handels und des Handelsbureaus selbst zu stören drohte und deshalb schon wiederholt auf richtige Bahnen zurückgeführt werden mußte.

Die Entwickelung des Landabsatzes in den letzten 19 Jahren zeigt Tabelle 24.

Landabsatz. Tabelle 24.

Jahr	a) zum unmittelbaren Verbrauch als Kohle t	b) zur Koksdarstellung (Privat- und staatliche Koksanlagen) t	Summe a) und b)	v. H. des Gesamt-Absatzes (ausschl. Selbstverbrauch)
1884	402 823	702 638	1 105 461	18,8
1885	394 531	715 467	1 109 998	19,—
1886	408 436	815 895	1 224 331	21,8
1887	407 988	896 108	1 304 096	22,7
1888	401 933	910 965	1 312 898	21,9
1889	452 438	837 896	1 290 334	22,2
1890	471 902	867 743	1 339 645	22,6
1891	476 354	881 231	1 357 585	22,4
1892	388 289	839 188	1 227 477	20,7
1893	382 680	800 421	1 183 101	21,4
1894	399 834	899 892	1 299 726	21,4
1895	428 293	936 727	1 365 020	21,4
1896	415 236	1 027 546	1 442 782	20,7
1897	417 052	1 026 249	1 443 301	19,4
1898	425 751	1 058 165	1 483 916	18,7
1899	512 056	1 054 803	1 566 859	19,03
1900	521 527	1 072 102	1 593 629	18,9
1901	537 939	1 037 564	1 575 503	18,9
1902	457 897	1 119 427	1 577 324	18,7
1903	413 966	1 159 126	1 573 092	17,7

IV. Kohlen- und Kokspreise.

An dem 1874 mit gutem Erfolge eingeführten System, halbjährige Verträge mit den Abnehmern zu schließen, wurde nichts geändert, desgleichen blieb die Mindestmenge von 150 t monatlich für Gewährung der Vertragspreise bestehen.

Im allgemeinen wurden die Bestellungen unmittelbarer Verbraucher besonders befriedigt, aber auch dem Zwischenhandel zu Fortbestehen und Entwickelung geholfen. Letzterer hat übrigens von selbst mehr und mehr die Form eines Bank- und Kommissionsgeschäftes angenommen, die Spekulation ist demzufolge stetig zum Vorteile des regelmäßigen Absatzes zurückgetreten.

Bezüglich der Preisbildung hat man sich den Wettbewerbsbezirken mehr und mehr angepaßt und den Satz „einen Preis für das ganze Saarkohlenabsatzgebiet" seit dem 1. Januar 1899 mit entschiedenem Erfolge verlassen. So werden heute die allgemeinen Richtpreise öffentlich kund gegeben, nach ihnen richten sich die Preise der einzelnen durch Wettbewerb bedrohten Absatzgebiete. Für den Wasserabsatz gelten sinngemäß dieselben Grundsätze.

Die erzielten Durchschnittspreise sind für die Zeit ab 1881—1902 auf Tafel 4 graphisch dargestellt. Um die Schwankungen der Kohlenpreise in anderen Bezirken und das Verhältnis der Saarkohlenpreise zu diesen zu zeigen, sind dort neben den Saarkohlenpreisen auch die der Ruhr-, belgischen und englischen Kohlen beigefügt.

Es ist interessant, hierbei zu verfolgen, daß die Saarkohlen sich vollständig — mit geringen Abweichungen — den Kohlenpreisen der Wettbewerbsbezirke (Ruhr, England, Belgien) anpassen und daß sämtliche Kohlengebiete im allgemeinen den Schwankungen des Weltmarktes unterliegen. Der Einfluß des einen oder anderen Reviers auf die Preisbildung wurde namentlich in der Preßfehde gegen das Kohlensyndikat im Jahre 1900/01 vielfach überschätzt.

Der Saarbezirk hat in den Zeiten der Hochflut seine Preise nicht übermäßig gesteigert, dafür brauchte er aber auch beim Rückgange nicht so tief herabzugehen, wie es z. B. in Belgien und bei englischen Kohlen der Fall war. Die Saarkohlenpreise sind entsprechend der Lage des Kohlenbeckens in der südwestlichen Ecke Deutschlands höher, als die der Ruhrkohlen, die andererseits wieder höher sind als die oberschlesischen Preise. Dieser Unterschied hat sich jedoch aus mehrfach angeführten Gründen seit Jahren mehr und mehr vermindert. Wie aus der graphischen Darstellung ersichtlich, ist der Unterschied, der 1884 noch 2,1 bis 2,2 M. betrug, heute nur noch 1 M., da den Saargruben gegenüber den Ruhrkohlenzechen durch Tarifermäßigungen, besonders seitens der badischen Umschlagplätze, durch Verbesserung der Rheinschiffahrt, Entwickelung der Rheinhäfen, Übergang des Umschlages der Ruhrkohlen in immer südlichere Plätze (von Mannheim nach Straßburg) immer mehr von dem früheren Frachtvorsprung verloren geht. Die Saargruben werden demgegenüber durch die ganze Entwickelung und die Verbesserung der Rheinstraße, durch den geplanten Moselkanal, den Donau-Mainkanal mehr und mehr Absatz verlieren, falls nicht entsprechende Ausgleichungen erfolgen.

Additional information of this book

(Der Steinkohlenbergbau; 978-3-642-90604-6) is provided:

http://Extras.Springer.com

If you have any concerns about our products,
you can contact us on
ProductSafety@springernature.com

In case Publisher is established outside the EU,
the EU authorized representative is:
Springer Nature Customer Service Center GmbH
Europaplatz 3, 69115 Heidelberg, Germany

Printed by Libri Plureos GmbH
in Hamburg, Germany